乡村振兴之乡村人才培育教材

点亮乡村·越州农创故事

（第一辑）

绍兴市越城区农创客发展联合会　组织编写

◎ 潘一峰　章祖民　鲁建国　主编

中国农业科学技术出版社

图书在版编目（CIP）数据

点亮乡村：越州农创故事．第一辑 / 潘一峰，章祖民，鲁建国主编．-- 北京：中国农业科学技术出版社，2024.6

ISBN 978-7-5116-6848-6

Ⅰ．①点… Ⅱ．①潘… ②章… ③鲁… Ⅲ．①农村－社会主义建设－研究－绍兴 Ⅳ．①F327.553

中国国家版本馆 CIP 数据核字（2024）第 109895 号

责任编辑 马维玲
责任校对 李向荣
责任印制 姜义伟 王思文

出 版 者 中国农业科学技术出版社
北京市中关村南大街 12 号 邮编：100081
电 话 （010）82109194（编辑室）（010）82106624（发行部）
（010）82106624（读者服务部）
网 址 https://castp.caas.cn
经 销 者 各地新华书店
印 刷 者 中煤（北京）印务有限公司
开 本 170 mm × 240 mm 1/16
印 张 12.75
字 数 176 千字
版 次 2024 年 6 月第 1 版 2024 年 6 月第 1 次印刷
定 价 98.00 元

主　　编：潘一峰　章祖民　鲁建国

副 主 编（排名不分先后）：

吕建林　杨琼琼　倪东衍　李　彤　吴必红
徐春光　关　群　杨少英　吴玉梅　吴莲莲
蔡　瑜　李泽楠　祝朝祥　陆家欢　朱梦黎
唐运威　王　樑　徐银兰　唐海峰　王　磊
王孙杰　胡妙丹　吴红云　张　帆　王勇龙
宋莹莹　程晓林　袁　月　梁如洁　王志宇

其他编者：凌　栊　伊焕莎　吴君霞　王菀轩　梁翊锋
俞帅锋

潘一峰，1976 年 10 月出生，中共党员，现任浙江省绍兴市越城区农业农村和水利局农办秘书科科长，农业技术推广研究员。绍兴市粮油产业技术专家、绍兴市越城区农业产业技术创新与推广服务团队首席专家、浙江省农业商贸职业学院特聘授课专家等。长期扎根基层从事基层农业科技推广和乡村人才培育工作，主持编写乡村人才培育教材《天姥茶人》（副主编）《园林植物课程群实验与实践》（副主编），同时参与编写《天姥乡味》（编者）等培育教材，在全国性杂志发表专业论文 10 余篇。年组织开展高素质农民、农村实用人才、乡村人才、职业技能、农民中职等教育培训超过 10 000 人次，全面提升了农民的学历水平和素质技能。累计获部级、省级、市级农业科技（丰收）奖 14 项，有力推动了越城区现代农业稳定发展。带头主讲“农村常用法律法规”“乡村振兴”等课程，农民教育培训工作处于浙江省的前列。

多年的教育培训和基层指导服务，赢得了学员的喜爱、上级的认可和社会的赞誉，先后获得全国农业农村系统先进个人、全国污染源普查先进个人、浙江省农作物新技术推广先进个人、浙江省农业技术推广贡献奖、浙江省农业科技促进年活动先进个人、浙江省农业“双强”行动突出个人、绍兴市乡村振兴个人突出贡献奖、绍兴市基层农技推广先进工作者、绍兴市 2021—2022 年度基层农技推广先进工作者“海丰奖”、越城区首位度建设突出贡献奖等荣誉。培养了一支“爱农业、懂技术、善经营、会管理”的优秀高素质农民队伍，为现代农业的高质量发展增添了强大后劲，助推了乡村振兴的全面实施，加快了共同富裕步伐。

主编简介

章祖民，1968 年 4 月出生，毕业于原浙江农大（现浙江大学）农经管理专业（本科），农业技术推广研究员、高级经济师、会计师、高级职业培训师，浙江省第一批省级乡村振兴实践指导师、浙江省科技厅专家库专家、浙江省农业商贸职业学院特聘授课专家、中国法学会会员……长期扎根基层从事农业科技推广、乡村人才培育工作，并擅长农村法律法规、农产品市场营销的研究和教学。主持编写了《天姥乡味》《天姥茶人》《现代“新农人”实用法律》《农家乐经营与管理》，参与编写《农村信息员》《互联网 + 农业》《农业培训实务指导》等乡村人才培育教材，在全国性报刊杂志发表专业论文 10 多篇。农民中等职业教育、高素质农民培育、农村实用人才培训等系列工作走在全国前列并领跑全省，新昌经验和模式屡次在全省及全国作典型交流和推介。新昌县从 2014 年起连续被列为全国新型职业农民培育试点县和示范县、全国农技体系改革与建设试点县和示范县。先后获得全国最美农广人先进人物、全国优秀基层农广校校长、中华农业科教基金会神内基金农技推广奖、中国技术市场协会第四届三农科技服务金桥奖个人二等奖等全国性荣誉，浙江省农技推广贡献奖、浙江省农技推广先进工作者、浙江省职业教育先进工作者等诸多省级荣誉，在担任新昌县农业农村信息化中心（浙江省农广校新昌县分校）主任（校长）期间，先后获得绍兴市共产党员先锋岗、绍兴市劳动模范集体、新昌县经济社会发展标兵等单位荣誉。

鲁建国，1964 年 11 月出生，中共党员，浙江省绍兴市柯桥区（原绍兴县）农业技术培训学校（浙江省农广校绍兴市柯桥区分校）原校长，农业技术推广研究员，曾任绍兴县科协第八届副主席、柯桥区科协第九届副主席。

1984 年从原浙江农大（现浙江大学）毕业以来，一直在基层从事农业科技创新推广和“三农”人才培训培育工作。把农业提质增效作为农业科技推广的主要目标，积极开展农业新品种、新技术的试验示范推广工作，主持完成多项省级、市级农业部门和科技部门下达的农业科技科研项目和农业技术推广任务。获市厅级以上科技奖项 13 项（其中省部级 3 项、市厅级 10 项），在全国性杂志上发表论文 18 篇，编写教材 3 部（副主编 1 部）。起草并发布了《稻鸭生态共育》浙江省地方标准、《无公害蔬菜生产技术规程》《无公害稻米生产技术规程》等县级地方标准。把“坚持面向‘三农’，围绕农业工作中心”作为“三农”人才培训培育工作的首要任务，注重培训方式、培训质量创新，积极开展多种层次的培训培育工作。2003 年承担实施全国跨世纪青年农民科技培训工程。2004 年开始承担农业农村部等六部委组织实施的农村劳动力转移培训阳光工程项目。2015 年开始承担部（省）下达的新型职业农民培训工作。所在学校先后被评为全国农业广播电视教育先进集体、浙江省农民职业教育先进集体、绍兴市农村实用人才培训先进单位等。

近 40 年的“三农”工作，得到省、市、县（区）各级政府（部门）的肯定。先后获浙江省农村劳动力转移培训阳光工程工作先进个人、浙江省农业职业教育先进个人、浙江省粮油生产新技术推广先进个人、浙江省农业技术推广突出贡献奖、绍兴市第六批专业技术拨尖人才、绍兴市科技新星、绍兴县跨世纪学科带头人、绍兴县专业技术拨尖人才、绍兴县级（区级）先进工作者，等等。

序

习近平总书记指出："乡村振兴，关键在人、关键在干。"人才振兴是乡村振兴的基础。近些年，随着城市化进程的加速推进，农村人力资源日益短缺，农业发展、乡村建设、农民增收面临全新挑战。未来农业谁来干、未来农民谁来当、未来乡村谁来建的问题摆上了重要议事日程。2015年，浙江省在全国率先提出农创客概念；2021年，省委提出实施"十万农创客培育工程"；2024年，青年入乡发展的号角全面吹响。之江大地，农创客队伍不断壮大，贡献日益突出。

农创客带着新理念、新技术投身农业，开发新产品、开拓新市场、培育新业态，为农村经济发展注入了新活力；农创客激活推动资源要素流向乡村，盘活乡村资源、挖掘乡村综合价值，为城乡融合发展增添了新动能；农创客满怀赤诚与激情、理想与担当，带着农民干、带着村民富，为农民增收致富开拓了新渠道。"农创现象"如星火燎原照亮希望的田野。

鱼米江南、荟萃人文、赫赫越州。近年来，绍兴市紧紧围绕省委省政府相关部署，深入推进农创客培育工作，积极出台引才政策，搭建农创客孵化平台，营造"近悦远来"生态，实现了农创客发展联合会县域全覆盖，农创客培育工作可圈可点。越城区、新昌县等已涌现出了一批敢闯敢拼、有情怀肯担当的农创客，为全面推进乡村振兴和共同富裕贡献"农创力量"。

眼下，正值“十万农创客培育工程”实施的关键期，也是青年入乡发展的黄金期。到2025年，全省将绘就一幅以10万农创客带动100万农民增收致富的生动画卷。此次，越城区、新昌县精心筹备、组织编写《点亮乡村·越州农创故事》，深入挖掘了两地的农创客典型事迹，提炼经验、记录真实、展示精彩、分享成长，是一本农创客培育的生动教材。宣传和用好其中典型案例，必将激发更多有志于“三农”的青年扎根乡村、创业创富，成为农创客。

青年，是乡村最大的宝藏；乡村，是青年实现梦想的蓝海。农创客伙伴们要不忘初心，砥砺前行，用科技点亮乡村、创意点亮乡村、文化点亮乡村，努力成为乡村全面振兴路上最亮的星。

浙江省农创客发展联合会名誉会长 张小法

2024年6月于杭州

目录

第一章

种植业篇

第一节 吕建林——重拾土地谋未来，领军农创出佳绩

吕建林，1980年出生，浙江省绍兴市人，中共党员，农艺师职称。绍兴市越城区农创客发展联合会党支部书记、会长，绍兴市越城区越娃子家庭农场场长，“越娃子”和“山越会”品牌创始人。个人曾荣获浙江省“乡村产业振兴带头人”、绍兴市“名士之乡”英才计划拔尖人才、绍兴市乡村领军人才、绍兴市乡村工匠、绍兴市乡村振兴“领雁人才”、2022年度绍兴市乡村振兴突出贡献个人等荣誉。其农场被评为越城区“美丽果园”、越城区“中小学劳动教育实践基地”、绍兴市“农村科普示范基地”、浙江省“先进个体工商户”、浙江省“高品质绿色科技示范基地”、浙江省“示范性家庭农场”、浙江省“农创客示范基地”等。

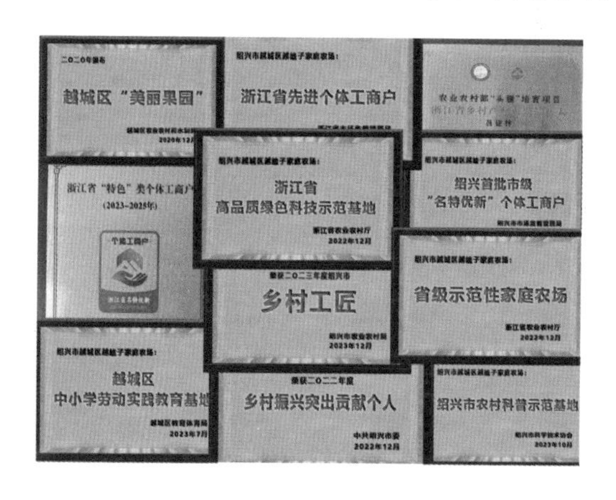

精心策划谋远虑，积极投身农业里

毕业后，吕建林便进入了纺织化工行业创业，凭借自身高瞻远瞩与出色的业务能力，一路披荆斩棘，多年来已小有成就。就在他准备进一步扩大产业、开拓新市场的重要时刻，党和政府提出了关于乡村振兴的号召。从小在农村长大的他，对于农村始终有着不可忘却的感情。他几经思索毅然决定返乡创业，扎根农村，做出一番新事业。起初他的家人并不理解他的选择，还会给他泼冷水：工业有钱赚，农业没前途，何况已经是小康生活了，再回农村去做农民，这不是花钱买

罪受吗？但他始终不为所动，做了几次家人的思想工作，让他们慢慢松了口支持他的农业事业。

2012 年开始，吕建林在家乡吼山村承包土地，先后从村民手里流转了 100 多亩（1 亩≈667 平方米，全书同）土地从事农业生产。到 2018 年正式成立绍兴市越城区越娃子家庭农场，主要种植猕猴桃、樱桃、水蜜桃、绿色蔬菜等农产品。本着重视食品安全就是对老百姓负责的初心，吕建林一心想要种出真正高品质、健康无害的绿色放心农产品。他坚持绿色无公害的种植理念，全部施农家肥，其中猕猴桃不盖大棚，不打膨大剂。但是苦于他本人刚开始接触种植，缺乏经验，知识面有所欠缺，一开始的成效并不乐观，到了收获的时候，猕猴桃虽然口味不错，但颗粒小、品相差、消费者接受度不高，一季下来亏损了许多。

吕建林意识到：农业之路任重而道远，还需继续深入学习。为了研究如何种好猕猴桃，他一边刻苦自学，一边虚心请教农业专家和身边的“土专家”“田秀才”。甚至花了半年时间先后到四川、江山、上虞等地考察，到农业科研院所取经，将所学所问细心整合，进行多次改进。功夫不负有心人，终于在第二年让种植模式有了脱胎换骨的变化，猕猴桃生产也走上了正轨，让闲置土地焕发出了活力。

现如今，农场已趋于稳定，每季产出约 1.5 万千克樱桃、5 000 千克无花果、1 000 千克甘蔗等。在他对绿色品质的执着下，越娃子家庭农场的产品注册商标和品牌“越娃子”，荣

获无公害产品基地认证，并通过“三品”之一的认证标准。

把握当下市场脉搏，创建休闲示范农场

2020 年，吕建林在农业经营上有了新的想法，为了开拓市场零售端，他创造农场直销模式，把农村更多的农副产品带到城里去。“高山很远，攀登莫停”。为了学习经验，开发新模式，他不惜重金加盟全国知名水果连锁店学习。同时注册了“越果果”水果连锁店，既帮助农户拓宽销路，又缓解社会就业问题。然而受疫情影响，“越果果”受到重创，惨遭失败。这次经历是吕建林农创路上一次宝贵的教训，他深刻反思决定还是将重心放回农场，开发更多新产品、探索种植新模式，提升土地资源的利用率。

他积极投身于农业创新研究，发明了多项实用专利，《一种甘蔗去皮装置》《一种果园用枝叶修剪装置》《一种水产养殖设备》《一种果园用鸟类驱赶装置》和《一种水果保鲜装置》，持续为“科技助农”注入“新活力”。这些专利不仅方便了果农对果园的日常管理，还大大提高了工作效率，增加了经济收益。

实用新型专利证书

实用新型专利证书

实用新型专利证书

实用新型专利证书

实用新型专利证书

随着游客对娱乐、体验等需求日益增加，单纯的采摘、观光已经逐渐落后，休闲农业已成为农业发展新业态。吕建林抓住机会，将农事体验和研学游项目相结合，精心打造了各类体验式的休闲项目：土灶头、叫花鸡、垂钓、农事体验等。让游客在学习农业知识的同时，能够沉浸式体验到田园生活的乐趣，感受到农事文化的魅力。

吕建林并未忘记自己的初心，“厚植沃土，引凤来栖”，他为周边

村民提供了 100 多个就业岗位，直接带动当地土地增效，农户增收每年每户 1 万多元；同时他始终积极承担社会责任，为高校学生提供了 2 200 人次的社会实践机会；通过农产品及相关休闲农业的发展，带动了 1 000 余万元的销售额，为“共同富裕”贡献自己的力量。

百川潮海为农业，齐心协力创未来

随着老一辈庄稼人的衰老，新一代农村后生向其他行业转移，高素质农业人才短缺的问题严重。“育才、留才、用才”成了吕建林发展农业的发力点。为了更好地整合相关的农业人才资源，2021 年 6 月，由吕建林牵头与志同道合的农创客共同成立了越城区农创客发展联合会，并担任首任会长至今。

在吕建林的带领下，联合会大力推动涉农企事业单位之间的交流合作，带动广大青年农创客扎根“三农”，引导更多优秀人才乡村就业。为了更好地推动农产品的销售，带动农业经济。他带领联合会建设农产品展示展销平台，开展一系列优质农产品走进机关、国企、院校等活动，累计举办 80 余场农创集市，参与人数超过 10 万人，直接销售额 200 余万元。通过吕建林的“牵线搭桥”，联合会在越城区行政中心开设了“越州青农”品牌农产品体验店，打造公共品牌让更多的人能够品尝到越城区的优质农产品。吕建林还不忘发展乡村数字经济。他依托联合会平台资源开展农播基地建设，重点打造抖音、视频号、小红书等自媒体平台，专注于发展直播带货。陆续开展了 60 余场直播，宣传推介农业基地、带货农产品，帮助拓宽销售渠道、助力农产品销售。

在吕建林的努力下，发挥联合会组织的平台优势，成立越城农创客人大代表联络站和越城区农创客发展联合会党支部并担任党支部书记，通过党建联建开展“三进”系列活动。他通过契约化共建打造“共富工坊”，拓宽线上销售渠道，辐射带动农民增收，并成功获评绍兴市首批“共富基地”。同时他也不忘开展人才培训，联合绍兴市供销合作总社，带领 52 人开展中级农业职业经理人培训，培养了技能人才农业经理人高级工 7 人、中级工 4 人。相继在浙江越秀外国语学院和浙江农业商贸职业学院担任创业导师，综合培养技能人才 100 余名。为农业行业的持续发展注入了新的活力。在吕建林的带领下，联合会也获得了“美丽越城”建设成绩突出集体、越城区 AAAA 级社会组织等荣誉，为越城区的农业发展树立了新的标杆，其展销宣传作用与示范带动作用为越城区的农业发展打开了新的局面。

心中怀大爱，肩上扛责任

传递小爱，共筑大爱，吕建林心底永远有一片温暖汪洋。在越城区农创客发展联合会成立的三年间，他先后组织了 20 余场公益活动。开展慰问受灾农业企业、参与防疫志愿服务、筹集捐赠防疫物资、结对慰问低收入农户、慰问城市守护者、公益性助农帮扶服务、山海协作帮扶衢州地区农产品销售、爱心帮助孤寡老人困难群体，等等。他的种种善举不仅得到了社会的广泛认可，也为越城区的农业发展注入了更多的人文关怀。

在未来，吕建林还将不断学习不断进步，希望通过提升自我的方式，使自己有能力站上更广阔的舞台，为家乡建设做更多力所能及的事情。他下一步的计划着重在于：农文旅融合发展，将农业产业、农村文化与旅游产业进一步结合起来，使土地更加合理化利用，用文化赋能乡村，吸引更多游客前来，实现多重创收。

伴随着乡村创新创业的土壤逐渐肥沃，许许多多个像吕建林一样怀揣梦想，勇于承担社会责任的新农人渐渐成长为高素质农创客，为乡村振兴的事业添砖加瓦。他说：“怀着为家乡奉献的梦想，我会勇敢奔赴向更广阔的‘田野’。丘山积卑而为高，江河合水而为大，实现乡村振兴、带领更多村民共同富裕，将是我的毕生所愿。”他相信，在未来，他定会与支持农业、投身农业的农业工作者携手共进，推动越城区农业的发展，为美丽乡村绘制美好蓝图、为乡村振兴担当责任！

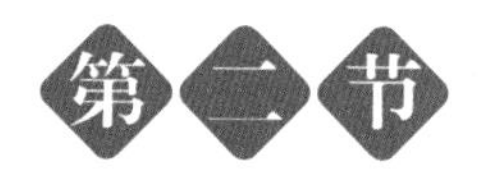

吴红云——从餐饮人蜕变到新茶人，只为专注一杯茶

人生是一本书。有的写得精彩，有的写得平庸；有的写得平顺，有的写得曲折；有的留下光彩，有的留下遗憾；有的留有思考，有的只剩空白！

而今天我们要写的是一位从餐饮人到茶人的故事！他的人生并不精彩，但也不平庸；他的人生没有遗憾，但却给我们留下思考！

回乡创业只为一杯好茶

吴红云，新昌县鼎鸿家庭农场、新昌县罗坑山生态茶业有限公司掌门人，是新昌茶界的一位新茶人，也是一位从餐饮人蜕变为茶人的农创客。

吴红云，1978 年出生，新昌县儒岙镇人，1996 年毕业于浙江省旅游学校。他学的专业是酒店烹饪管理，毕业后他就在绍兴市的一家五星级酒店从事厨师工作。几年下来，吴红云刻苦好学让他掌握了较好的西餐厨艺，他精通各种烹饪技艺，善于捕捉食材的微妙变化，将每一道菜肴都呈现得如同艺术品一般。和许多年轻人一样，不甘平庸的他，初生牛犊不怕虎，2000 年，年仅 22 岁的吴红云，怀揣着对美食的热爱与执着，在绍兴市柯桥区创办了一家西餐厅，繁忙的都市中，他创办的西餐厅以其独特的魅力和风味，赢得消费者的口碑。

一个人的能力，是随着他的阅历和在生活中磨炼逐渐成长和积累的。吴红云从事餐饮业 19 个年头，经历了餐饮的风起云涌，品尝了创业之初的艰难。但餐饮人的经历丰富了他的人生，也让他对生活有了许多独特的理解。听从命运安排的是凡人；主宰自己命运的才是强者；没有主见的是盲从，三思而行的是智者。

吴红云生于农村、长于农村，对农业、农村天然亲近。从事多年餐饮事业后，他渐渐发觉新昌县山区发展茶产业潜力很大，回乡投身茶业的想法在他脑海中日益增强。

也许是命运的安排，也许是老天给了他主宰命运的暗示。2014 年春季，吴红云回家休假，偶然在自家茶园发现了一株形貌特异的黄化茶树，好奇之下制成干茶品尝，随着独特的香气、出众的滋味漫人口鼻，一幅新昌县黄化茶开发蓝图瞬间在脑中展开。他发觉，自己内心深处对茶的热爱与向往，远比西餐来得更加深沉，投身回乡做茶人的热情再也难以抑制。吴红云毅然决定放下在外的餐饮事业，回乡做一名新型职业农民——新茶人，由此开启了一段全新的茶人旅程。

然而，自主创业的道路并不是想象当中那么平坦和顺畅。从餐饮人到茶人，不仅只是资金的问题，更重要的是行业跨度大，一切都得重头学起。吴红云虽然从小在农村长大，对茶叶并不陌生。但要做一个茶人，光懂经营还远远不够，还得掌握茶园培育、加工炒茶、茶质品鉴等每个环节的技能。

吴红云明白，做茶也和做餐饮一样，没有做不好的茶，只有没有做好的茶。为此，从事茶业开始，他就到浙江大学茶学系、中华供销

合作总社杭州茶叶研究院拜师求教，请专家到实地指导。为了掌握茶叶生态管理技术，还积极参加省、市、县有关茶园生产及管理的技术培训班及新型职业农民培训提高茶叶知识。

吴红云投资近60万元，购买制茶设备，在自己200平方米的房屋，办起了茶叶加工小作坊，开始了他的茶人创业之路。他在茶叶专家们的传授下，从一棵珍稀的黄化茶树扦插培植扩种到60多亩，从制作500克天姥金芽黄化茶扩大到年产500千克以上的高档好茶。经多方茶研专业机构审评品鉴，黄化茶是新崛起的茶树新贵，这些茶树品种在一定生态环境条件下，嫩叶稍明显黄化，其成品茶的氨基酸含量明显升高，滋味更为鲜爽，称为茶中珍品。黄化茶的氨基酸含量比一般绿茶要高出4～5倍，滋味鲜嫩甜香，甘爽醇厚，汤色黄亮的品质特性，深受广大消费者的厚爱。

在跨行做茶的六年时间，吴红云逐渐完成了从西餐大师到新茶人的华丽转身。

匠心打造一杯有“高度”的茶

自家村里的茶园和自家的茶叶小作坊，是吴红云返乡创业的起步，他创业的远大目标，用匠心打造一杯有高度的茶。

六年的茶人经历，让吴红云深刻体会到：餐饮是用心的艺术，每道菜都是精心创作，用美味佳肴传递人情味、温暖顾客的心灵；而茶人不但用心而且更要有情怀，将一片片叶子精心制作成一杯好茶，用

扑鼻的香气、甘爽的滋味传递茶香带来的惬意，让品茶人感受不一样的生活体验，感受那份来自心灵的宁静与升华，陶然其中，回味无穷。

2020 年 12 月，吴红云获悉新昌县内海拔最高的生态茶园正在对外承包，小将林场罗坑山生态高山茶园 200 多亩，他当即邀请了浙江大学茶学系、浙江省农业农村厅和新昌县茶叶站的专家上罗坑山现场勘察调研，专家们充分肯定，罗坑山生态茶园，具备有利于生产名优庄园精品茶叶的水、土壤、空气三要素，是典型的高山生态茶园，更是制作一杯有高度的好茶基地。在专家们的指导下，他毅然承包了罗坑山生态茶园，并成立了新昌县罗坑山生态茶业有限公司。

罗坑山生态茶园地处新昌县六大茶山之一，位于小将镇内，是省级有机茶基地。罗坑山森林公园已被列入省级森林公园，以“林茂、树古、泉清、竹修”为主要特色，集茶旅、避暑、健身、科考为一体的综合性森林公园。可观赏到清澈山泉碧如翡翠，林内鸟语花香、走兽信步、彩蝶袭衣，森林茂密。茶园分布在海拔 820～960 米的高山，是新昌县境内海拔最高的茶园。全年云雾缭绕，生态环境良好，200 多亩茶园全部开垦于森林，没有农业种植史，土壤洁净肥沃，一行行茶丛碧绿如染，一层层茶山连接云天。

证书

新昌县罗坑山生态茶业有限公司：

贵单位选送的“Luokengshan”牌天姥云雾 被推选为2023浙江绿茶（兰州）博览会

金奖产品

浙江绿茶博览会组委会
2023年7月

承包了罗坑山生态茶基地后，给吴红云最大的压力是制作工艺的转型和提升，因为罗坑山茶园的海拔均在 800 米以上，产茶的季节比大多茶园要推迟 20 多天，只适合制作高山云雾茶。吴红云刚刚掌握的龙井茶和烘青茶工艺，而云雾茶制作工艺对吴红云来说又是一门新的工艺，又是一个新的开始和新的挑战。

吴红云身上那股刻苦好学、勇于探索、敢于创新的劲头，让他迈上新台阶。他投资100多万元，立足茶园自身资源禀赋，充分发挥茶园生态优势、实施加工标准化、产品品牌化，做好品质，打造新昌县“一杯有高度的茶”。罗坑山生态茶园，经过几年改造提升，茶树品种结构不断优化，茶园管理水平显著提高，茶叶加工基本实现机械化、自动化，产业链整体水平得以提升。罗坑山的天姥云雾茶，外形紧细、色活、有白毫，香气出色有兰香，滋味浓厚甘醇，是一杯有口碑、有高度的好茶。2022年罗坑山天姥云雾茶获得“义乌国际茶博览会金奖”、2023年获得“浙江绿茶博览会金奖”。

从餐饮人到新茶人的转身，一晃就是10年，吴红云用匠心做好每一杯茶，让茶成为一种“高度”。这种“高度”，不仅是对茶叶品质的追求，更是对茶文化的传承和发扬。

智慧赋能一杯有品质的茶

罗坑山生态茶业公司在经营走上正轨后，吴红云并没有停止追求高质量发展的步伐，他深知，一杯有“高度”的茶必须是一杯有品质的茶，而要产出一杯有品质的茶，必须打破传统工艺，用创新理念、智慧赋能求发展，才是茶企高质量发展之路。

近年来，新昌县茶产业紧跟数字化、生态化转型方向，有序推进茶产业数字化改造建设项目，进一步扩大数字农业的应用面。吴红云积极争取，罗坑山生态茶业有限公司被列入

新昌县茶产业数字化改造提升项目之一。总投资300多万元，安装了数字化茶叶自动生产线、茶叶数字驾驶舱及茶叶大数据平台，实现茶叶智能化监管，并有效提升茶叶品质；同时，罗坑山生态茶业与中国大佛龙井研究院紧密合作，在研究院专家团的指导下，在生态茶园基地里安装智能虫情测报专业设备和病虫测报系统，以及土壤温湿度、气象、负氧离子、光照、二氧化碳等监测设备；促进数字茶业新技术、新设施、新业态，提升罗坑山生态茶园的高品质发展。

智慧赋能，不仅大大提升了罗坑山生态茶园的茶叶品质，也大大提高了茶园的产出效益。2022年产出1 000多千克有“高度”的茶，2023年产出1 300多千克有品质的茶，2024年春季，产出有“高度”、有品质的好茶1 500千克左右。茶园产出效益逐年提升，茶叶品质逐年提高，深受消费者青睐。

10年来，吴红云的事业逐渐起步，稳定发展。从2014年返乡二次创业，2015年在共青团绍兴市委主办的创业创新大赛上获得优秀的成绩；2017年新昌县第一个加入浙江省农创客发展联合会的大家庭，同时在绍兴市大学生农创客发展联合会担任副会长一职；2018年获得新昌县十佳新型职业农民称号、绍兴市新农人优秀表现奖等荣誉；2020年由他发起成立新昌县农创客发展联合会，并被推选为会长，和志同道合的一群青年人投身现代农业创业中，在广阔的农村大地上大显身手、大展才华；2021年他被评为新昌县先进标兵、浙江省农技推广万向奖先进个人；2022年获得农业农村部、财政部“浙大头雁乡村振兴带头人”；2023年获得新昌县农业农村领域先进个人及新昌县第一批五星级乡创人才、绍兴市首届领军人才及绍兴市乡村工匠；2024年获得浙江省乡村工匠等荣誉。

吴红云，从餐饮人到茶人的蜕变，有苦有甜、有喜有悲，人生如茶，我们在品茶中就可以体会到人生的酸甜苦辣，可谓苦乐悠然中！

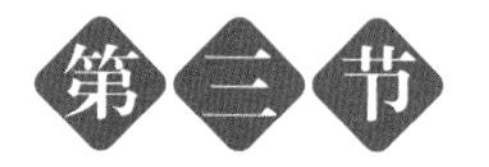

祝朝祥——从农村中来，到农村中去

农村离不开农业的蓬勃发展。在这个领域，祝朝祥堪称典范。

出生于浙江省绍兴市的祝朝祥，是佳祥家庭农场场长、润心农业科技有限公司总经理，以及浙江大学2023级乡村产业振兴带头人培育“头雁”项目的学员，2024级浙江农林大学领军人才农学班班长。他同时担任越城区葡萄农合联的理事长，以及越城区农创客联合会的副秘书长。拥有多个头衔的他，也被授予绍兴市乡村领军人才、绍兴市市级乡村工匠和越城区区级乡村工匠名师、绍兴市乡土专家等多个荣誉，并且是绍兴市作物学会优秀农技工作者之一。这一切的成就离不开他对农业的热爱和执着追求。

自2009年担任大学生村官开始，祝朝祥就以一颗赤诚的心和无私的奉献精神，践行着为民务实、谋村发展的初心。历任村文书、村委主任和村支书等职，他都以尽责的态度投入工作，无论是解决村民的实际困难还是推动村庄的发展，他都尽心竭力，赢得了广大群众的信任和好评。

夫妻创业，开创农业新气象

2001年大学毕业后，祝朝祥的妻子王海芳进入一家企业当白领。

那个时候起，她就经常工作之余在网络上为家乡特产茶叶和桃形李作宣传推广，拓展了农副产品的网上销售市场，取得了不小的成绩，这也为夫妻之后的创业埋下了“种子”。

2014 年，随着农村集体经济发展的新形势，同时又看到农家乐、乡村旅游的兴起，王海芳和丈夫祝朝祥都觉得这是个不错的创业机会，她毅然决定从企业辞职，和丈夫在马山街道尚巷村承包了 30 亩土地建立起佳祥家庭农场种植樱桃，开创了绍兴市袍江佳祥家庭农场的崭新篇章。夫妻两人全身心地投身到农民大军之中。

做“农夫”比想象中的要辛苦，王海芳和祝朝祥每天起早贪黑，修枝、剪叶、施肥……加上一直坚持人工除草，施有机肥和生物菌肥，工作量更大。面对夏季高温和台风的挑战，他们更是连夜工作，给果树浇水，台风天则需要连夜排水……确保果树的健康成长。他们每天都在做不完的农活中度过。

最开始，他们引进了当地气候适宜的小樱桃品种。这不仅是一项冒险，更是一次对当地农业的革新。他们的目光不仅局限于种植，更看重如何将农场变成一个吸引游客的地方。

通过科学的栽培和管理，夫妻俩终于在 2017 年迎来了樱桃的第一次大丰收。他们种植的樱桃颗粒大、甜度高，再加上大棚种植无开裂，吸引了绍兴市及周边地区的大量游客前来体验采摘乐趣，获得了游客的一致好评。大家的口碑相传，使“农夫果园”悄然成为方圆几十公里的樱桃采摘圣地，甚至一时间成为宁波、萧山、上海等地游客心目中的热门目的地。于是，樱桃采摘游活动应运而生，人们被吸引来，在阳光下享受采摘的乐趣，感受大自然的馈赠。这为当地乡村旅游业注入了新的活力和魅力。这一举措不仅为周边居民和外来务工者提供了休闲娱乐的场所，也有效地提升了尚巷村和马山街道的知名度和影响力，为当地经济的发展和农民增收致富做出了积极贡献。

随着农场规模的陆续扩大，如今除了樱桃园，农场还有梨园、橘子园、桑果园、葡萄园、猕猴桃园、甲鱼池等共计 170 余亩。一年四季，樱桃、桑果、白枇杷、桃子、梨、葡萄、无花果、猕猴桃、桃形李、柿子、橘子、红美人、春香柚次第成熟，每一种水果都坚持绿色种植、不打蜡，不催熟。他们的农场除了鲜果还生态养殖了土鸡、土鸭和甲鱼。10 亩梨园里的散养鸡鸭，除了早晚喂食稻谷，其余时间全靠自由觅食，故而肉质紧实、味道尤为鲜美。农场外塘冷水养殖的中华鳖，全程以小鱼小虾为食，鳖裙宽厚，爪子锋利，肉质鲜美、营养丰富。

渐渐地，这个农场成了人们心目中的胜地。尚巷村和马山街道的名字也因此闻名遐迩。祝朝祥和王海芳在壮大自身农场的同时，还指导周边果农科学种植，科学修剪和施肥，并带动他们一起发展采摘游活动，让昔日安静的周边果园也重新焕发生机。

2021 年，王海芳荣获浙江省百名最美巾帼新农人称号，2022 年当选为浙江省人大代表，成为农业发展的典范。祝朝祥更是用自己的行动诠释了实实在在为农民服务，实实在在发展农业的理念，成为当地乡村振兴的一面旗帜。

基层党员，从果农到产业引领者的蜕变

作为一名基层党员，祝朝祥在樱桃种植事业取得成功后，没有止步不前，更没有忘记自己的初心和村民。他不仅引进了更多新品种，如大颗粒的水果桑葚、奶油白桑葚等，还积极带动周边农户加入樱桃等水果的种植行列。通过他的引领，10 多家果农从低效益的作物种植转向了高收益的水果栽培，樱桃种植园也因此增加到了 10 余家。祝朝祥不仅在修枝剪叶、施肥灌溉等方面给予全方位的指导，还不断外出学习并将所学知识传授给更多人。他多次组织周边农户免费开展各类技术培训，如“樱桃修剪技术培训”“枝条粉碎技术培训”“水肥一体化专题培训”等，极大地提升了农民的种植技能，为果农增收提供了有力支撑。

为了促进水果的优质高产，祝朝祥率先在种植园推广钢管大棚，不仅有效地避雨防虫，还有效防止了樱桃等水果的开裂，从而保证了水果的质量。同时，他大力推广生物菌肥和有机肥，带头示范标准化生产模式，实行了病虫害的绿色防控，使农产品质量安全可追溯。他还创新了“樱桃园套养土鸡”新模式，带领周边农场全方位提升，辐射带动了周边 100 多名农户就业增收。祝朝祥夫妻的农场先后荣获了众多荣誉，如浙江省高品质绿色科技示范基地、浙江省 AAA 级旅游采摘体验基地、省级农民田间学校、省级生态低碳农场、绍兴市首批共富基地、绍兴市巾帼共富工坊、市级美丽果园、区级科技示范户、区级十佳种养大户、省级示范性家庭农场等。

在不断做出成绩的过程中，祝朝祥始终不忘将群众的利益放在心

上，不断吹响共同富裕的号角。他始终将自己所学知识无私地传授给更多的人，不仅使周边的果农受益，还经常外出讲课、指导他人。他曾作为绍兴市乡土专家参加绍兴市科协主办的“科技赋能千万工程”科普基层活动，为果农现场讲解答疑。2023年，祝朝祥被聘为浙江农业商贸职业学院涉农培训专家，之后，他与校企联动，为学生讲解实用农业知识，同时申请成为越城区中小学生教育实践基地，为学生提供实践活动。他的农场也因此成为绍兴市首批农创共富基地，实现了本村及周边村子老人（包括妇女）就业的目标。

农业创新，互联网时代的农场之路

在“互联网+农业”浪潮兴起的背景下，2018年，祝朝祥夫妻不仅注册了自己的商标，而且着手走上品牌化发展之路。随后，他们将农场搬上了互联网，注册了微信公众号，并在诸如饿了么、美团等网络平台上建立了自己的销售店铺，将农产品实现线上线下互动销售的愿景成为现实。

为了将绿色安全的农产品迅速送达消费者手中，祝朝祥夫妻不断创新营销方式。除了与省农业科学院高新技术产品平台对接，引入更多优质新品种外，还在营销方式上不断创新探索。首先，他们申请了绿色无公害认证，并建立了农产品追溯系统，使消费者只需手机扫一扫即可获取产品的认证信息，实现了从农场到餐桌的全程追溯，确保产品源头和生产过程可控，让消费者更加放心购买。为了拓宽农产品营销渠道，祝朝祥夫妻带领周边果农从单一的水果批发模式转变为以采摘游为主的模式，并实行采摘+旅游的模式。他们倡导农场改善环境，大力优化农场环境，配备基础

休闲设施，吸引更多人前来，活跃经济，在 2022 年被评为绍兴市唯一一家浙江省“AAA 采摘旅游体验基地”的农场。

2023 年，祝朝祥当选为越城区葡萄产业农合联理事长，开始引领越城区葡萄产业强化交流合作，提升农户生产技能，拓展销售渠道。他还致力于通过比质量、拼品质，提升产业格局，促进葡萄产业健康有序发展，推动葡萄产业全面进步。

对于未来，祝朝祥夫妻信心满满，决心在家庭农场领域做精、做新、做强。他们计划通过搭建一个高质量、具有辨识度的电商直播间，利用直播矩阵获取更多流量，带动农产品销售。同时，他们还致力于拓展农业产业，实现三产融合，为乡村振兴贡献力量！

朱梦黎——深耕水稻种植，“95 后”农才辈出

从古至今，农民肩挑日月、手转乾坤，他们用辛勤的双手无私奉献自己的人生，却又默默无闻。

朱梦黎，1995 年出生，浙江省绍兴市人，浙江省第十四届人大代表，绍兴市沃宝农庄有限公司总经理，绍兴市越城区农创客发展联合会副会长，曾获得 2023 年浙江省青牛奖 20 强、2023 年绍兴市青年岗位能手、2021 年绍兴市越城区农创客创业之星、2023 年绍兴市越城区杰出青年、2021—2023 年绍兴市越城区十佳种养户、2022 年绍兴市越城区第八届妇女代表、2023 首位立区幸福越城突出贡献奖等荣誉称号。

在荣誉与成就面前，朱梦黎并未迷失方向，她深知，荣誉只是过去努力的见证，而真正的价值在于为乡村振兴、共同富裕的目标而付出的努力和贡献。因此，她毅然返乡投入水稻种植业，希望通过自己的努力为更多人带来丰收的喜悦和生活的改善。

返乡创业，用机器换人

南方种植水稻一般分早稻和晚稻。早稻三月底四月初播种，七月成熟，收割后得立即耕田，务必在立秋前将晚稻秧苗插下。时间紧迫，每年七八月最为忙碌，也叫“双抢”。朱梦黎作为名副其实的“农二代”，学生时代的她会在暑假和寒假时下田帮父母插秧，与水稻打了十多年交道。

2016 年，朱梦黎顺利从大学毕业并进入一家外贸公司工作。两年后，她在家人的支持下毅然决定返乡创业，在父亲承包 300 亩稻田的基础上，将种植规模扩大到 1 400 多亩。当时，插秧、施肥、收成等都是由人力完成，为了抢农时，天还没亮便要到田间工作，在泥地里弯腰、插秧的动作重复一整天，其中的辛苦可想而知，可她没有喊累，而是更细致、更系统地对水稻种植的全链作业进行学习。

在经营农场的日子里，朱梦黎发现劳动力成本高是农业效益低的一大痛点，紧随“科技农业”的发展趋势，决定用机器换人。她敢想敢干，投入大量资金购买农业机器，如无人机、烘干机等设备，长远来看，降低了成本，提高了效率。她说：“传统的农业生产方式需要大量的人力投入，不仅劳动强度大，而且效率低下、成本较高，采用传统人工作业，两个人一个星期才刚刚完成 200 亩。而现在，科技的进步，能做到一架无人机一天便能完成 300 亩。令我感叹的同时，也为

我带来了更广阔的思维空间，发掘农业的更多可能性。”

现在，沃宝农场从育种、播种、插秧到收割、烘干的过程中都用到了农业科技，实现了沃宝农场全程机械化。建设自己农场的同时，她不忘初心，多次组织乡民前来观摩学习，将自己掌握的农业科技知识普及，并为周边大小农户提供无人机飞防、谷物烘干、拖拉机、育种育苗等服务，流转周边500多户村民的土地种植水稻，发挥规模种粮户的作用，助力农业高效生产，带动周边村民奔向共同富裕。

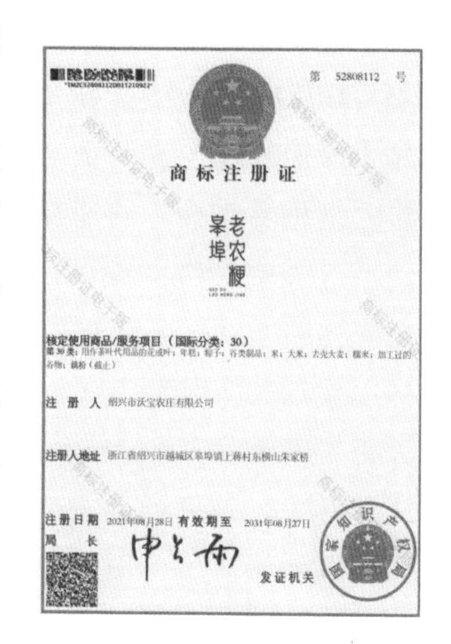

第　52808112　号

商标注册证

皋埠老农粳

核定使用商品/服务项目（国际分类：30）
第30类：用作茶叶代用品的花或叶；年糕；粽子；谷类制品；米；大米；去壳大麦；糯米；加工过的谷物；藕粉（截止）

注　册　人　绍兴市沃宝农庄有限公司

注册人地址　浙江省绍兴市越城区皋埠镇上蒋村东横山朱家桥

注册日期　2021年08月28日　有效期至　2031年08月27日

局　　长

发证机关

她明白，要实现乡村振兴、共同富裕的目标，光靠个人的力量是不够的，而是需要全社会的共同努力。2021年，朱梦黎加入绍兴市农创客发展联合会并担任副会长，这期间，她与农创客互相学习，不断地完善自己的知识和技能，共同探索新的农业技术和模式，推动越城区农业产业的发展。同年，她联合其他几位农创客成员成功注册了“皋埠老农粳”的商标，2022年获得《一种水产养殖设备》实用新型专利证书，并在2023年申请《一种稻虾养殖装置》实用新型专利证书。

朱梦黎凭借着为农民服务的坚定信念和不懈努力，赢得了乡民广泛的赞誉和尊重，并于2022年成功当选浙江省第十四届人民代表大会代表，为她的家乡和人民发声。在人民代表大会上，她提出了“以科技发展农业”的观点，对加速农业发展和加快推进农业技术改造具有重大意义。

纵向发展，探索种养结合新模式

当今世界，环保和可持续发展已成为我国农业发展的核心议题。为了保护环境、提高土地利用率，一种新型的农业发展模式应运而生，那就是种养结合。种养结合是以种植业为养殖业提供饲料，再将畜禽养殖过程中产生的粪便反过来作为种植业的肥源，消纳养殖业产生的废弃物的循环式农业。

沃宝农场中，广阔无际的水稻田泛着闪闪细光，水面上还悠闲地游着一群鸭子，整个环境空气清新、蛙声阵阵，带来无限的生机。近几年，朱梦黎开始研究并实践“种养结合”的循环农业模式，她以农场环境的承载力为基准，将鸡、鸭、小龙虾等放在田里、在田边套种橘子树等，即养殖业与种植业有机地融合，并依据现实条件持续优化结构，以实现资源的高效利用和生态平衡。

她认为，鸡鸭养殖与水稻、果树种植相互促进，形成了良好的生态循环。鸡鸭的粪便被用作肥料，为水稻和果树提供丰富的营养，同时，鸡鸭将稻田中的杂草和虫子作为食物，避免了一些病虫害的发生，而水稻和果树的种植则为鸡鸭提供了丰富的食物来源。这样一来，农场中不仅减少了化肥和饲料的使用，降低了农业生产成本，还提高了农产品品质、养殖效益，为市场提供更多绿色、优质的农产品。

此外，稻田中有果树的良好的景观效果吸引了众多游客前来参观，朱梦黎抓住机遇，在农场内增加对外开放的体验项目，如组织开展研学游、农家乐、小龙虾垂钓等活动，寓教于游，既普及了农业知识，开阔了人们的视野，也培养了孩子的生活技能、集体观念以及实践能力等，实现经济、社会、生态的三重效益。

沃宝农场的种养结合循环共生模式、研学游探索活动等创新成果已成为越城区农业发展的一大亮点，这也标志着朱梦黎对“种养结合”模式的探索获得成功。

巾帼情怀，担起社会责任和义务

巾帼展风采，铿锵绽芳华。她们，如同璀璨的明珠，闪耀在各个领域，她们以坚韧和毅力，书写着属于自己的辉煌篇章，为社会的进步和发展贡献着自己的力量。

朱梦黎带着越城区农村女性的“就业梦”，在越城区区委组织部的悉心指导及越城区妇联、皋埠街道党工委的大力支持下，于2022年创办巾帼共富越工坊。为了确保工坊的顺利运营和持续发展，巾帼共富越工坊组建了一支充满活力和凝聚力的“红色管家团队”。这支团队坚持“联、助、帮、结”的原则，与街道党工委副书记紧密联合，共同谋划工坊的发展蓝图；街道妇联主席则全力助力，为工坊提供必要的支持和帮助；驻村指导员深入一线，为工坊的日常运营提供宝贵的指导和建议；村两委干部与工坊紧密结合，确保各项政策和措施能够落地生根。

自创办以来，它吸引附近800余名女性劳动力加入，并为她们提供了稳定的就业机会，使她们在家门口就能实现自己的价值，不仅为农村女性提供广阔的创业平台，还成为解决农村女性就业难题的重要途径。同时，朱梦黎通过巾帼共富越工坊组织各项活动，实现农村女性人均年增收1万元左右的小目标，“人人有事做，家家有收入”，推动越城区农村经济的持续发展和社会的和谐稳定。

朱梦黎以实际行动承担起自己的社会责任和义务，不仅帮助女性就业，还增加低收入者收入，依靠自己辛勤的双手与杰出的智慧，为助力乡村振兴、共同富裕奉献力量，勾勒了一幅新的画卷，将“巾帼不让须眉”展现得淋漓尽致，为农业发展中的女性作用树立了生动典范。

朱梦黎说：“乡村振兴是民族富裕、农村繁荣、农业强化的基础和关键，而乡村振兴的根本就在于农民的共同富裕，为了达成这个目标，农业的科技创新将是重中之重。我在水稻种植业的探索过程中面临着许多挑战和困难，但是，我相信只要我们坚持不懈地努力，就一定能取得成功！”

探索新的农业发展道路是一项长期而艰巨的任务，作为种植水稻的“90后”新农人，朱梦黎将从技术创新、可持续发展和政策引导等多个方面入手，勇往直前，全面推进农场转型升级，为越城区农业的发展、为乡村振兴注入新的活力。

第五节

唐海峰——机械化种植，打响本土品牌

唐海峰，1986年出生，汉族，中共党员，现任绍兴新青马农场有限公司总经理，绍兴市第八届、第九届人大代表，越城区第五届政协委员。获得2023年全国农业农村劳动模范荣誉、浙江省乡村工匠名师、浙江省新农匠、浙江省首届大学生现代农业创意大赛金奖、绍兴市农村科技示范户、绍兴市优秀种粮大户等称号。

切实扎根农业，提高农业人自我素养

在校期间，唐海峰凭借一颗积极上进的心多次获得奖学金和各种荣誉称号，2009年于浙江农林大学农业与食品科学学院园艺专业毕业时被评为浙江省优秀毕业生。他婉拒一份上海优厚待遇的工作邀约，怀着辛勤耕耘、播种希望的梦想，在党和政府推进“三农”建设的号召下一脚踏进家乡的泥田里。作为一名农民，他将把个人梦想书写在广阔田野上，融入国家“乡村振兴、共同富裕”的发展战略中，这是充满尊严和价值的事业。2010年，唐海峰创办绍兴新青马农场有限公司并任总经理，从事水稻种植业，成为新时代的大学生职业农民。

朴实的外貌、壮实的身材、沾满泥土的身躯……炎热的夏天，经常可以在田野上看见一个人辛勤作业，烈日的暴晒让他的皮肤皲裂，一天比一天黑。当问起他做农民的辛苦时，只会得到这样的回答：“这不算辛苦，在对农业的热爱面前，这都算不了什么。你看看这绿色的农田，有每天都可以看见的风景、可以呼吸到的新鲜空气，劳作时还有为农民打气的蛙鸣，尤其是丰收的那一天，得到了大自然的赞扬和回报。”

为了种好水稻，唐海峰挨个拜访村里村外的种地能人、县镇农业技术人员、农业培训团队等，常常不到夜里不着家。在这样的努力下，他对播种、施肥、治虫、灌水等种粮的各道环节的技术掌握得越来越多，半年时间，他就成了当地干农活的一把好手。如今，他的农场种植面积超2 000亩，全面实施水稻绿色防控技术，重点集成应用太阳能杀虫灯、性诱剂、种植诱虫植物绿色防控等措施，还创新管理

模式，新品种、新技术、新模式应用实现全覆盖，并获无公害农产品产地认证。在经营自己农场的同时，他积极承担社会责任，为周边农户提供水稻种植全程化服务，包括育秧、插秧、收割、烘干等。

如今，唐海峰从事农业生产已有 10 余年，熟练掌握各种农业生产技术，并将理论知识与实践相结合，积极开展新品种、新技术的试验工作，始终以提高农业产量、促进农民增收为目标，不断发展前进，其示范带动作用也得到了广泛认可，成了乡亲们心目中的“土专家”。

加大资金投入，大力发展农业机械化

中国是农业大国，随着乡村振兴政策的落实，农业生产逐步向机械化发展推进。机械化程度提高，现代农业生产所受制约因素减少，大大提高农业生产效率。

在传统农业作业中，大量人力、物力的投入影响了农业生产效益，唐海峰便跟随现代农业发展机械化的趋势，开始着力研究农业机械化发展的策略。他投资 200 多万元，先是组建了一支农机作业队伍，由一群经验丰富、具备专业知识的农业人员所构成，专业知识、实践经验配合农业机械大大提高了生产效率。同时，他购置了农机设施，包括 4 个 100 吨粮仓、6 台收割机、5 台拖拉机、13 台烘干机、3 台插秧机、6 架无人植保机等设备，大幅提升了新青马农场的机械化水平。

为了增加水稻品种、提高水稻产量，唐海峰先后进行了中嘉早 17 号、中早 39 号、甬优 12 号、甬优 538 号、嘉 58、绍粳 18 的试点试验，从育苗、插秧、灌溉、施肥到病虫害防护等，通过示范效益，带动周边农户和农场推广良种，提高单位亩产，助力农户增产增收。

2022 年，新青马农场为周边农户播种 1.5 万盘、机插 400 多亩，提供稻谷烘干服务 2 300 吨，植保服务面积 43 500 亩次，社会效益明显，推动越城区农业现代化进程。2023 年，联系调度拖拉机 11 台，为周边农户机耕 3 000 余亩，联系收割机 8 台，为周边农户抢收面积 2 000 多亩。同时，唐海峰针对水稻新品种的栽培技术、科学施肥、病虫害防治等方面多次为乡民开展培训指导，提高农民素养。通过这种服务模式，新青马农场在实现自身发展的同时，带动了周边农户共同致富。

唐海峰的创新获得了越城乡民的广泛称赞，成为推进越城农业机械化发展的典范，并因他“为民服务”的切实作为，被推选为绍兴市第八届、第九届人大代表、越城区第五届政协委员，更好地成为政府与农民群众之间沟通的桥梁，反馈农民的真正需求和发展现状，促进农业进一步发展，为实现乡村振兴的目标提供集体力量。其个人先后获得全国农业农村劳动模范、浙江省乡村工匠名师、浙江省新农匠、绍兴市农村科技示范户、绍兴市优秀种粮大户，

农场还被浙江农林大学授予大学生就业创业实践基地的称号。

关注本地发展，打响本土大米品牌

唐海峰一直关注着农业的发展，他发现越城区的大米销售市场主要被东北大米和江苏大米所占据，这两种大米深受消费者喜爱和信任，而本地大米却鲜少有人问津。两者的销售差异究其根本不是因为质量，而是因为缺少在消费者心中建设独特认知和价值的品牌。

面对这一现状，唐海峰决心尝试改变。他借助自身优势，从“新”和“纯”两个角度入手，来解决消费者的痛点，迎合消费者的需求。目前市场上销售的大米，大部分都是一定比例的新米和陈米的混合物，目的是追求合理的价格和口感。但是，唐海峰却认为，大米的鲜度和纯度才是消费者真正关心的，他励志让消费者能够品尝到真正的大米风味。于是，在2017年，唐海峰开始销售本地产的优质大米。他通过线上推广和线下社区合伙人销售相结合的方式，将本地大米推向市场。由于对大米鲜度和纯度的把控，其甜糯的口感逐渐受到了消费者喜爱。

“品牌不仅是我们的标识，让我们的大米区别于市面上的其他大米，更是我们向消费者传递大米‘高鲜度’‘高纯度’的特色和品质的承诺。通过建立品牌，我们可以与消费者建立起一座信任的桥梁，让消费者对我们的大米产生认同感。”他深知品牌化是建立品牌价值和提高市场竞争力的关键手段之一，先后注册“富青马”“富盛味道”的品牌，让消费者产生了对新青马大米的认同和依赖，也为绍兴新青马农场有限公司加强了企业正面形象，带来了稳定的客户群体和口碑传播，进一步巩固了新青马大米的在销售市场中的地位。如今，新青

马大米的年销售额已达到300万元，品牌效应初步打响，并取得了成果。

唐海峰坚定农场的绿色生态理念和机械化生产模式，提高农产品的质量，使大米供给数量、品种、质量多方面契合消费者需要，真正形成了生产结构合理、保障有力的有效供给，已成为绍兴市“机器换人”示范基地，为越城科技农业发展提供了宝贵的经验。“农村是青年人可以施展才能的广大舞台，只要肯干实干，定能闯出自己的一番天地。”铿锵有力的话语环绕在耳畔，在今后的发展中，他将继续深化改革，创新发展模式，规模化与社会化服务同步进行，为我国农业现代化发展贡献更多力量。

李泽楠——赤心向党，科创兴农

李泽楠，1993年出生，浙江省绍兴市人，中共党员。是一位地道且优秀的水乡新农人。主要从事蔬菜种植技术研究与推广工作。现就读于浙江农林大学现代农业领军人才班，任绍兴市越城区根生家庭农场党支部书记、绍兴市丰绿蔬菜专业合作社负责人。他所经营的农民合作社、家庭农场，先后被评为浙江省农创客示范基地、浙江省省级采摘旅游体验基地、浙江省省级首批共富家庭农场、浙江省省级农民田间学校、浙江省省级低碳生态农场、浙江省省级高品质绿色科技示范基地、浙江省省级美丽菜园、浙江省省级放心菜园。李泽楠个人也被评为越城区乡村工匠名师、活力新锐农创客等。

返乡兴农，重拾土地

2017 年，李泽楠毕业于常州大学，凭借优异的专业成绩，出色的面试表现，他顺利进入一家跨国集团工作。后又凭借自身不凡的能力，在工作中得到各方认可和赞扬，深受上级信任的他屡次被指定负责海外重要项目，收入也随之高涨，但是他的心里一直有个明亮且坚定的目标——为家乡的建设添砖加瓦。他梦想着用自己的智慧和力量，为家乡描绘出一幅更加美好的画卷。

正是多次负责海外项目的经历，使他开阔了眼界，见识了许多新型科技概念，他意识到：现代农业需要发展，融入科技与创新是必不可少的，农业强国是社会主义现代化强国的根基，推进农业现代化是实现高质量发展的必然要求，而如何使家乡尽快实现农业现代化，则需要有新一代的年轻农人前赴后继，勇于投身到这项工作中去。于是在 2019 年，李泽楠毅然放弃年薪 50 万美元的海外工作回到家乡，决定从事现代农业技术研究与推广工作。

一开始，李泽楠向家人宣布要从事现代农业时，家里人都不认同，父亲李根生表示：自己从事农业种植 30 余年，深知农业生产背后的辛苦，这种辛苦是很多年轻人所无法承受的，不想让儿子再从事这么辛苦的行业。但李泽楠没有放弃，他耐心开导家里人，与他

们分享了这些年所见所想，阐述了他对现代化农业的独到见解并明确表示了自己愿意不顾一切投身现代化农业发展工作，为家乡现代化农业发展奉献一生的决心。最终，得到了全家的认可和支持。自此，李泽楠开始全身心投入农业，开启了自己的现代农业生产工作。

变废为肥，惠及乡邻

在刚开始种植的第一年，李泽楠就发现农作物采摘后，秸秆堆积如山，有些堆放在路边影响过往车辆，有些随风飘散影响环境，李泽楠敏锐地意识到事情的严重性，立即决定改变这一现状。他雷厉风行地建造了一处秸秆综合回收利用点，将这些农业生产过程中产生的废弃物，通过特殊加工处理，转变成肥料——秸秆生物质炭，使其得以再次利用，变废为宝。

为了赶在春季种植前，能够让合作社的农户们用上自产的秸秆生物质炭，李泽楠在寒冷的冬天，将秸秆粉碎后堆肥，并坚持每天翻拌，让秸秆发酵更彻底。每隔一周，就可以生产出近 8 吨秸秆生物质炭。通过连续 40 余天的堆肥制作，李泽楠将合作社上一年秋茬农作物秸秆全部回收综合利用，产出了近 50 吨的秸秆生物质炭，将这些秸秆生物质炭全部分发给了合作社农户，为农户们节约了近 4 万元的农资支出。李泽楠通过此事，总结经验，在浙江农业科学上发表了《生物质炭对设施大棚土壤改良和小白菜产量品质的影响》一文。

李泽楠的行动不仅为合作社的农户们带来了实实在在的经济效益，也引起了当地政府和农业部门的关注。他们看到了李泽楠在生物质炭制作和土壤改良方面的创新和实践，纷纷表示要给予更多的支持和帮助。于是，在接下来的时间里，李泽楠得到了更多的资源和机会，他将更多的精力投入生物质炭的研究和应用中。他不断地试验和改进制作方法，提高了生物质炭的产量和质量。同时，他还积极推广生物质炭的应用，帮助更多的农户改善土壤质量，提高农作物的产量和品质。

在李泽楠的带领下，合作社的农业生产逐渐走上了绿色、可持续的发展道路。他们利用生物质炭改良土壤，减少了化肥和农药的使用量，降低了农业对环境的污染。同时，他们还引入了更多的高效、环保的农业技术和管理模式，提高了农业生产的整体效益。

椒菜合一，各取所长

2022年，是李泽楠从事现代农业技术研究与推广工作的第4年，受到种植管理习惯和区域化规模种植的影响，设施蔬菜连作障碍问题越来越突出。为此，李泽楠向浙江省农业农村厅申请产业团队项目，通过多种技术示范应用，解决设施蔬菜连作障碍问题。李泽楠利用不同蔬菜的不同习性和生长特点进行间作套种，有效缓解了蔬菜连作障碍的发生。通过项目实施，掌握了不同处理方法的优缺点，基本了解了良好的综合处理方法。采用辣椒+快菜套种：辣椒收获时间长，快菜浅根。将快菜与辣椒同时栽培，快菜能促使辣椒根系变得发达，使其得以吸收土壤表面当中的养分。双方肥力共享还可以减轻甚至防止土壤盐碱化。而且双方病虫害发生相似，同时栽培便于同期防治，省工省药，做到空间互补、时间互补、养分互补，用地养地相结合。通过这个项目，浙江省农业农村厅领导组在李泽楠的农场指导时，还夸赞道“技练于勤，藏菜于地，稳产保供!”2023 年 11 月，李泽楠还热情邀请日本农户到农场参观学习“辣椒 + 快菜”的套种模式，李泽楠耐心讲解，积极探讨，也向这些农业前辈们虚心请教了许多实践类问题。李泽楠表示，将继续努力探索更多创新的农业种植模式，为推动家乡农业现代化和乡村振兴贡献自己的力量。

落思于行，为乡创收

2023 年，李泽楠参加了浙江省千名乡村 CEO 培养计划。通过培训，李泽楠认识到乡村振兴必须要有产业支持，农业也可以做到一二三产业相融合。李泽楠与培训期间结识的 9 名乡村 CEO 同学一起出资，在杭州市钱塘区江东村承租了 15 亩智慧温室，力争打造新型农场营销模式。通过利用新媒体的宣发，将周边消费群体吸引到村里来游玩，借此将农产品顺带销售出去，从而避免了农产品在快递物流过程中造成破损的现象，又为村集体吸引了大量客流，延长游客在村内停留时间，为村集体创造了可观的收益。

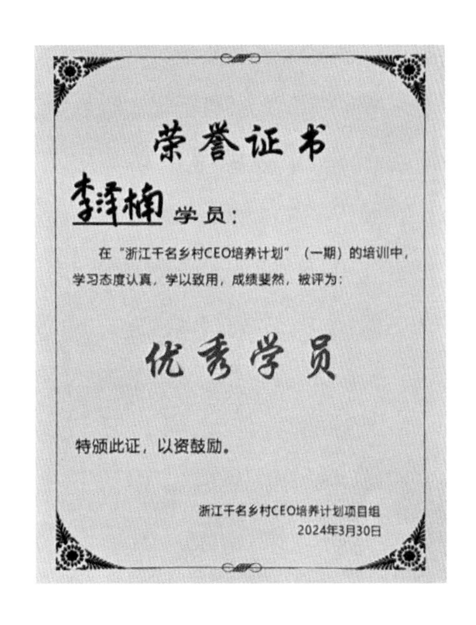

荣誉证书

李泽楠 学员：

在“浙江千名乡村CEO培养计划”（一期）的培训中，学习态度认真，学以致用，成绩斐然，被评为：

优秀学员

特颁此证，以资鼓励。

浙江千名乡村CEO培养计划项目组
2024年3月30日

同年，李泽楠经营的家庭农场被评定为“浙江省农民田间学校”。李泽楠认为：作为现代企业，应该承担起农业农村经济发展的责任。他毫无保留地将种植技术传授给周边农户，并在销售上予以帮助。很多农户忙于农事，无法抽身参加现代农技培训，李泽楠便通过与越城区

农业农村和水利局的“党建联建”活动，将技术专家邀请到田间地头，为农户解困惑、答疑虑。到目前为止，参加培训的农户已经达到上千人次。为了让更多的年轻人有意向回归到乡村，参与到现代化农业中，李泽楠主动联系了浙江农业商贸职业学院，让大学生们到田间地头来实训，增加了学生们的实训经验，让学生们有条件能够更加直观地了解、学习农业知识，培养了学生们对农业的兴趣。

广学多用，充实自我

在管理合作社与农场的同时，李泽楠还注重学习取经。为了开阔自己的视野，获得更多先进的农业生产管理技术，李泽楠参加了绍兴市农创客经营管理高级研修班、绍兴市农产品网络直播培训班、浙江大学承办的乡村振兴带头人“头雁”培训班、绍兴市农业无人机飞防技术提升班、浙江省千名乡村 CEO 培养计划等。先后获得农业经理人（高级）证书、DJI 植保无人机系统操作手合格证，等等。

李泽楠数年如一日地追求着职业技能的极致化，采用水旱轮作、间作套种等生产模式积极推行减肥减药农作创新，通过高温闷棚、施用微生物有机菌肥，嫁接换根等措施治理设施蔬菜连作障碍。

他风雨无阻，扎根农业。恪守“俯首甘为孺子牛”的人生信念，靠着传承和钻研，凭着专注和坚守，攻克了一个又一个农业生产中的难题，成为农业产业技术创新与推广服务团队乡村人才，探索的设施蔬菜连作障碍治理技术，对蔬菜产业技术发展影响深远。

他勇立潮头，开拓进取。永远把老百姓的“菜篮子”安全和品质放在第一位，积极尝试减肥减药农作创新，开展院地合作、校地合作，承担多项省市科技示范项目，参与省市

生产标准制定编写工作，撰写的蔬菜种植模式，在《长江蔬菜》《现代农业科技》等杂志期刊上刊发。

党建引领，着力为民

李泽楠深刻理解贯彻资源共享，先富带后富原则。作为具有特色的“支部农场”绍兴市根生家庭农场的党支部书记，通过与高校党支部、政府机关单位开展“党建联建”相关活动，举办了越城区共富田间微党校，为周边农户、现代化高素质农民搭建学习新平台。立足“政产学研”，积极创新模式和机制，依靠组织体制、校地合作、科技平台等，不断创新农业技术，攻克生产难题，将组织“软实力”，转化为产业“新动能”。

他以“家庭农场+合作社”主体融合，和父亲一起编制《蔬菜套种模式图》《连作障碍治理关键技术》等宣传资料，免费发放给周边农户，亲自指导生产经营事项，提高社员种植技术和管理能力，带动周边农户实现共同富裕。用自身的专业知识与智慧，为家乡谋发展，为邻里谋福利。

李泽楠为现代农业发展尽心尽力，鞠躬尽瘁，毫无保留地燃烧着自己的能量。是一位心中有国家，有家乡，有人民的中共党员。是一位敢干事，肯干事，干好事的农创客。未来，他将继续走在从“农二代”到新农人的道路上，连接起传统农业与现代农业之间的纽带，架起“致富桥”，走出一条“高效、优质”的共同富裕之路，绘就乡美民富的共富图景！

王樑——返乡兴农，坚守土地

王樑，1989年出生，从小就对土地和农业有着浓厚的兴趣。而作为一个充满激情和决心的年轻人，他在大学毕业后，没有选择像许多同龄人一样外出打工，毅然决然地回到了越城，在富盛镇凤旺村承包了460亩土地，开启了自己的“青年农民之路”。

在王樑看来，农村的年轻人外出打工已经成为一种普遍现象，而这也导致了许多土地被闲置。他深知土地的重要性，认为农业是国家的根基。种粮是王樑的一个重要决定。他深知粮食安全的重要性，也明白种粮是对国家的一种贡献。虽然这条路充满了挑战，但王樑并不畏惧。相反，他将这看作是一次机遇，一次展示自己能力的机会。他相信，只要有足够的努力和决心，一切困难都可以克服。

一开始，王樑所面对的是一片贫瘠的土地，但他并没有被这些困难击倒。他投入了大量的时间和精力，不断地耕种、照料土地，尝试各种不同的农业技术，希望能够让土地重新焕发生机。王樑的努力在他一次又一次的尝试中逐渐开始见到成效。他种植了各种作物，从小麦到水稻，从果树到蔬菜，每一个都是他精心选择的品种。他不仅是一个农民，更像是一位科学家，通过不断地试验和创新，探索出适合当地土壤和气候条件的种植方法。他的行动力和毅力让他逐渐成为当地的农业领军人物。

投资农业，在乡村一线激扬青春

作为一个在乡村一线的农耕者，汗水浸透了他的衣衫，但也浇灌了他在土地上的成果。2013 年，王樑毅然投入了 580 万元，购置了先进的农机设备，这是一笔相当大的投资。他建立了农机服务中心和烘干服务中心，准备着将机械化种植引入当地的农业生产中。

农场开始逐步拥有大量现代化的农机设备：3 台久保田联合收割机，6 台中大型插秧机，6 台大型拖拉机，8 台烘干机，5 台担架式植保机，还有 2 台植保无人机，以及其他各种机械设备。这些设备让他们能够实现全程机械化操作，大大提高了生产效率。

从 2018 年起，农场还成了浙江省现代农业科技示范基地，这一荣誉使得他的农业实践备受瞩目。他们不仅在技术上取得了很大的进步，而且还以示范作用为周边的农户树立了一个榜样。

在接下来的几年里，这家农场为周边的农户提供了育秧、机耕、机插、机割等服

务，累计服务面积17万余亩。他们的努力不仅提升了农业生产的效率，还推动了农业新技术在全镇乃至全市的推广应用。

通过引入现代化设备和技术，农场几乎成为整个区域农业发展的引领者，也带动着更多人走向科技化、高效化的农业生产道路。在乡村一线，他是激扬的青春，为乡村振兴注入了新的活力和希望。

五个统一，成为浙江省水稻生产技术标杆

在不断地学习和实践后，王樑的示范基地做到统一品种、统一栽培技术、统一病虫防治、统一测土配方施肥、统一机械化作业，具有较高的标准化生产水平，示范基地品种新、标牌醒目。并在2017年7月12日召开全省早稻生产技术交流暨现场观摩现场会，会议邀请63位农业领导和技术干部参加，农户观摩178人。2018年7月2日召开了绍兴市化肥减量现场会，邀请62位农业领导和技术干部参加，农户观摩170人次。2021年与中国水稻研究所共同承担的浙江省重点研发计划项目课题（两熟种植体系氮肥周年定额统筹技术研究与应用，2021C02035-2）相关研究正在进行。2023—2024年正在实施浙江省粮油产业技术团队项目（双季稻种植体系化肥减施与健康生产技术示范）。

通过示范基地的建设，技术也逐渐得到了优化，基地不仅产量开始变高，效益也同比变好。示范基地核心区种植水稻210亩左右，粮食复种指数200 %。早稻平均亩产在519.7千克，比非项目区平均亩产463千克增12.2 %，增产粮食1.05万千克；晚稻平均亩产492.2千克，比非项目区平均亩产452千克增8.9 %，晚稻增产粮食0.75万千克，早晚稻共增产粮食2.1万千克，增加收入2.75万元。早晚稻机插210亩，亩可节约人工100元，节本1.86万元；实施化肥减量暨水稻测土配方施肥和缓控释肥推广应用186亩，摸索建立“水稻一基+一追”施肥模式，平均亩可节肥7.5千克，亩节本24元，可节本0.45万元；实施统防统治210亩，每亩比非统防统治可节本、人工38元，可节本0.71万元；实施以上各项共增加收入5.77万元，平均每亩增收

310 元，极大地提升了种植水稻的经济效益。

技术创新，实现高效机械化和绿色种植化

在技术不断创新下，示范基地逐渐做到了品种优质化，防病无害化，施肥配方化，栽培轻型化，作业机械化、稻鸭共育化等，农场积极推广良种、良法、良机等技术，推进粮食生产机耕、机插、机收主要作业环节机械化水平，依靠科技进步提高粮食产量，大力推广轻型栽培、测土配方施肥、化肥农药减量控害增效等技术，积极推行水稻病虫害统防统治和稻鸭共育农牧结合高效种养模式等技术，拓展农业生产的广度和深度，提高资源的利用率和产出率，实现增产与增效的有机统一。2013 年，王樑在专家的技术指导下，大胆采用了“稻虾轮作”与“稻茭轮作”的新模式，并不断创新发展。他说：“稻虾轮作培育了一个共生系统，小龙虾能够除草和通过排泄物增肥，在稻虾轮作中全程不打药，能够生产出优质大米。”

与此同时，示范基地水稻机耕、机收、配方施肥、统防统治均达 100 %，机插 100 %，各项农业适用新技术的整合推广，有力地推动和提高了技术的到位率。示范基地已开展水稻高产、化肥减量等五次技术攻关活动，其中基地早稻高产攻关田产量 600.17 千克，产量居越城区第一名，化肥减量暨缓（控）释肥试验示范方与常规施肥亩增产 10.73 %。

示范推广，促进农业社会生态改善

王樑的农业示范推广在促进社会生态方面发挥了重要作用。第一，通过示范推广，他的农业生产条件得到改善，农业抗风险能力也得以

增强。这不仅提升了农业科技技术的推广应用速度，还提高了农业产业化水平，从而提高了粮食综合生产能力。第二，推广应用测土配方施肥、农药减量工程等先进农艺技术，有效治理了农业面源污染，有助于改善农业生态环境，为可持续农业发展奠定了基础。第三，示范推广实现了水稻良种更新换代，为未来水稻高产打下了坚实基础，进一步提升了农业生产效率和质量。第四，王樑整合了农技农机资源，促进了良种、良法与良机的有机结合，推动了省工省力栽培技术的发展，提高了农业生产效益。另外，许多品种具有增产潜力，利用这些优势品种可以提高水稻单产，进而增加粮食产量。最后，充分利用温光资源，尤其是通过早播、保温育秧、机械化插秧等措施，提前了早稻成熟期和连作晚稻插种季节，有利于增加连作晚稻的产量，实现了粮食生产的有效增产。综上所述，农业示范推广对于促进社会生态、提高粮食产量和改善农业生产条件具有积极而深远的影响。

农业愿景，争做现代农业发展典范

王樑的愿景是激励广大青年看到农业产业的巨大前景，并在农村发挥他们的智慧和热情，发光发热。他认识到面对大量荒废的土地，青年人需要引入机械化和先进科技手段，他希望这些年轻人怀揣着“农业情怀”，在农村一线实现自身的价值。在这个过程中，他强调推动现代农业发展需要做好以下几个关键点：一是抓好技术配套。在做好新品种引进试验的同时，必须重点抓好技术配套工作，进一步探索双季机插的高产高效栽培技术，这将有助于提高示范基地的产量和经济效益。二是抓好示范推广。定期组织技术指导员、科技示范户到基地进行培训、观摩和学习，发挥示范基地的示范带

动作用，促进新品种、新技术、新机具的示范和推广。三是抓好技术服务。充分发挥水稻育供秧中心、稻谷烘干中心等机构的作用，加大技术服务力度，进一步开展统一品种、提供高质量代耕、代育、代插、代防、代烘等产前、产中、产后服务社会化服务，提高农业社会化服务水平，这样的服务将有助于促进农户增产增收，为乡村振兴贡献力量。这些举措将为现代农业的发展提供强有力的支持，同时也将激发更多青年投身于农业产业，共同开创农村振兴的美好未来。

陈学强——以匠心事农的新型农民排头兵

绍兴市太和现代精品农业园创始人陈学强，1991年7月出生，浙江省绍兴市人，民革党员。浙江农林大学农林经济管理专业本科学历，二级茶艺师（技师）、二级评茶员（技师）、三级茶叶加工工（高级）。现任绍兴太和农业开发有限公司总经理，兼任中国人民政治协商会议绍兴市越城区第六届委员会委员、绍兴市农村青年创业联合会第六届副会长。被聘为浙江农艺师学院创业导师、越城区茶文化讲师。曾获绍兴工匠、绍兴市青年岗位能手、绍兴市“五星级”民间人才、越城工匠、越城区优秀政协委员、越城区杰出青年等荣誉称号；入选为浙江省“百千万”优秀技能人才、绍兴市乡村振兴“领雁计划”人才。

情系农创，打造现代精品农业园

陈学强的父辈从事茶叶生产经营已有20余年，从小生长在茶业家庭中的陈学强对农业也是满怀着深厚的感情。就在大家都认为他大学毕业后会顺理成章地子承父业继续做“茶老板”的时候，这位在大学学习企业经营管理的“90后”却并不想一成不变地走父辈的老路，而是立志要以现代农业的理念，改变父辈单一的农业生产结构模式，使产业向多元化生态农业、休闲农业、观光农业、旅游农业的新型农业形态发展。

思路明行动。大学期间，陈学强在课余时经常向农业和经管专业的老师、学者一起学习探讨关于发展现代综合农业的问题，从中获得了许多宝贵的经验和思路。2011年底，还在大学实训期间的陈学强，在学校老师的鼓舞和父辈大力的支持下，组织创办了绍兴太和农业开发有限公司。2012年大学实习期间，陈学强带领团队经多地走访调研考察，在绍兴市越城区鉴湖镇南部山区以及柯桥区平水镇云门寺景区周边，流转农田、林地共400余亩，着力打造“太和现代精品农业园区”。

在产业规划上以“一个中心，三大布局”为主旨；“一个中心”以中心产业茶叶为主，打造“精品茶叶区”200亩：主要种植优质绿茶茶树，以龙井茶树系列为主150亩、黄化白化稀缺茶树品种50亩；“三大布局”以打造水果、苗木、水产三大区块，“精品水果区”100亩：主要种植水蜜桃、翠冠梨、樱桃、葡萄、猕猴桃等10余种优质水果，每类水果又分别种植2～4个品种，每个品种种植面积不大于10亩，这样既延长同类水果的采摘期，又有效规避同一品种大面积受灾害的风险，使果园“四季不间断，月月有鲜果”；“精品水产区”20亩：主要养殖仿野生露天泥塘冷水甲鱼，使其自然繁殖，捕食鱼塘中螺蛳鱼虾，对五年以上的甲鱼进行出售，每年出塘数量控制在200只左右，避免竭泽而渔，对其自然繁殖造成影响，出售价值在普通甲鱼的10倍以上；“精品苗木区”80亩：主要种植楠树、金钱松、榉树等名贵苗木，虽然名贵苗木生长周期长，短期无收入，但成龄后价值很高，定位为企业的一个长期稳定投资。

A02 越新闻

梨子卖到市场价两倍，甲鱼卖到300元一斤，还都供不应求

“90后”小伙
8年打造现代精品农业园

见习记者　吴可蒙　文　记者　黄雷　摄

“市场上一般卖3元左右一斤，我的梨推广价就要5元，原本以为零售卖不出去，没想到这么受欢迎。”7月24日，在团市委举办的青春市集上，“90后”新农人陈学强的精品水果摊位人气很旺，他带来的50斤翠冠梨很快便销罄。

陈学强中等个头、衣着朴素，1991年出生的他，如今是绍兴太和农业开发有限公司总经理、绍兴市农村青年创业联合会第五届副会长。大学毕业后，他便投身农业，历时8年打造了一个现代精品农业园区，推动传统农业向多元化发展。

农产品价格高人一筹

近日，正值翠冠梨上市，摘果、挑拣、送货……陈学强忙得不亦乐乎。“今年产量比较稳定，有1500多斤，每斤售价达6～8元，是市场上普通梨价格的两倍。”刚上市没几天，90%已经被预订完了，顺带九重华香爱心基金还预订了200箱。”陈学强说。

翠冠梨是陈学强近几年引进的优质品种，清脆、甜如蜜糖。为保证梨子质量，陈学强对梨园进行精心管理，结出的单果都有七八两重。最近正当季的水果还有玉露水蜜桃，个头小的8元一斤，个头大的能卖到20元一斤，同样受到顾客追捧。新鲜的葡萄也将上市，接下来还有猕猴桃“续场”。

陈学强的精品水果区约有100亩，遍布水蜜桃、翠冠梨、樱桃、葡萄、猕猴桃等10余种优质水果，每类水果有多个品种，单个品种种植面积不超过10亩。陈学强说，这样既能延长同类水果的采摘期，又能规避同一品种大面积受灾的风险，使果园“四季不间断，月月有鲜果”。

在精品水产区域，甲鱼正处于繁殖期。陈学强告诉记者，他的甲鱼要养5年才会出售，每年出塘数量控制在200只左右，价格高达300元/斤，是普通甲鱼的数倍。此外，还有80亩的精品苗木区，主要种植楠树、金钱松、榉树等名贵苗木。名贵苗木生长周期长，短期很难有收入，但成龄后价值却很高。

“看着农产品逐渐成熟丰收，除了收益，更多的是一种共同成长的获得感。”陈学强说，这个现代精品农业园就像自己的孩子，让他倍感珍惜。

“茶二代”的农耕情结

一个“90后”小伙，为何会执迷于农业？原来，陈学强父母经营茶叶生意20多年，从小闻着茶香长大的他，对农业生产有着很深的感情。

大学期间，他经常向业界专家、前辈请教关于发展现代综合农业的问题，获得了不少经验和思路。2011年底，还在大学实训期间的他在父辈和老师的鼓励下，创办了绍兴太和农业开发有限公司。

“单一的农业生产结构已经不适应发展需求，传统农业需向新型多元化农业形态发展。”陈学强说。2012年，他在越城区和柯桥区流转农田、林地共400余亩，开始打造太和现代精品农业园区。

在产业规划上，园区以“一个中心、三大布局”为重点。“一个中心”即以茶业为中心，打造精品茶叶区200亩，“三大布局”即为水果、苗木、水产三大区块。

陈学强一直致力于恢复传统制茶技艺，积极宣传茶文化。2017年，他获得绍兴市评茶员职业技能竞赛全市第二名，还被授予绍兴市“五星级”民间技能人才荣誉称号。2018年他又被聘为越城区茶文化讲师，还荣获第二届五洲（国际）山水茶席大赛金奖。2019年，陈学强获得了国家二级茶艺技师职业资格。

陈学强说，干农业有一般人想不到的艰辛。比如果树刚种下那几年，有一次遭遇大旱，70%果苗都枯死了；还有一年遇到台风，刚挂果的梨子全部被打落，颗粒无收。但这些并没有阻挡陈学强前进的脚步，反而促使他更努力学习新型农技。他承担主持了浙江省农业技术推广基金会绍兴市级农技推广试验示范项目，推广面积累计达7500亩，带动周边农户120余户，还解决了周边农村闲置劳动力的问题。

“除了维护好果园，我还想恢复一些历史名茶，让我们的后辈能重新认识这些农耕文化印记。”陈学强说。

创业人　创新事

匠心事农，主持推广农技示范项目

在农业创业的道路上，这位“90后”青年积极推广新型农业技术，于2013年至今，主持各级农技推广试验示范项目《茶园病虫害绿色防控技术研究与示范推广》《早春茶新品种的引进试验示范》《绿肥新品种在茶园中栽培种植的研究与应用》《果园套种三叶草技术示范与推广》《茶园有机肥替代化肥新模式》等，推广辐射面积累计达1 500亩，并通过现场会等形式培训农民200余人次。陈学强在2021年和2023年，分别被授予越城工匠和绍兴工匠称号。

游学研技，积极推中华广茶文化

从小对茶叶及茶文化有着浓厚兴趣的陈学强在业余时认真研究茶业知识和文化，并四处游学，向业界的专家、前辈学习请教。在2017年，年仅26岁的他就获得“绍兴市评茶员职业技能竞赛”全市第二名的优秀成绩，同年还被授予绍兴市青年岗位能手荣誉称号；2018年他荣获“第二届五泄（国际）山水茶席大赛”金奖；2019年，陈学强担任第六届中华茶奥会茶艺赛项裁判。陈学强还被聘为越城区茶文化讲师，积极参与茶文化进机关、进社区、进学校、进企业、进家庭活动。

社会服务，助力乡村共同富裕

陈学强积极带动周边农户120余户就业增收，并有效解决了附近农村闲置劳动力的问题。同时还热心参与乡村振兴服务工作，作为民革浙江省委会“三农”服务团成员，近年来参加省、市、县级政府、党派、社会团体组织的农技下乡、产业发展、农创咨询等社会服务活动20余场，服务农民3 000余

人次。2022 年度和 2023 年度，被民革绍兴市委会评为社会服务先进个人和优秀党员。

踊跃发声，为乡村振兴建言献策

陈学强作为越城区农业农村界别组的政协委员，积极关注“三农”事业发展。自 2017 年担任区政协委员以来，他在众多场合为发展“三农”事业踊跃发言，并撰写“三农”方面提案和社情民意信息《高质量发展新型农村集体经济 共同富裕大背景下助力我区“三高地”建设》《关于建立越城区乡村振兴学院，助推我区乡村振兴人才队伍建设的建议》《关于整合乡村资源优势发展农村幸福养老服务事业的建议》等 10 余篇。2019—2023 年陈学强连续被评为越城区优秀政协委员，他提出《关于推进我区乡村振兴的建议》被越城区政协评为优秀提案。

不忘初心，回馈社会践行公益

陈学强热衷社会公益活动，2015 年在绍兴市慈善总会设立“学强慈善基金”，定向用于慈善助学等慈善公益项目；并担任绍兴市慈善总会第四届理事会理事。2019 年以来，他还通过浙江省青少年发展基金会“希望工程”项目，帮扶结对农村贫困中小学生

12名。

坚定执着，争做新型农民排头兵

10年的不断创业和学习，陈学强的大学生农业创业事迹也一直受到各级有关部门的关注和支持。2019年个人事迹“陈学强：做一名新时代农村青年创业的标杆”被编入中国农业出版社《浙江农民创业好故事》；2020年被聘为浙江农艺师学院创业导师。陈学强还入选为浙江省“百千万”优秀技能人才和绍兴市乡村振兴“领雁计划”人才。

经常有人问他，农业创业中最重要的是什么？他总是只说两个词——“学习”和“情怀”。陈学强认为，“学习”是基础，是最重要的，并且要不断地学习，知识要不断地更新、经验要不断地积累，没有足够的知识和经验，农业创业就不可能成功；而“情怀”是精神支柱，是必不可少的，情怀使人坚定信念、执着前行，产业才能扎根深处、不畏风雨、屹立长青。

“我们青年在农业创业中，更应该肩负起乡村振兴的重任，勇做懂农业、爱农村、爱农民队伍中的排头兵！”陈学强如是说。

第二章

养殖业篇

陆家欢——敢想敢试，探索水产养殖新路径

陆家欢，1993年生，中共党员，浙江省绍兴市人，绍兴市越城区方圆观光农业园负责人，浙江省农民高级技师，水产工程师职称，绍兴市乡村领军人才，绍兴市乡村振兴“领雁计划”人才，绍兴市乡村工匠，越城区技能大师，越城区农创客发展联合会秘书长。

渔民家庭长大的陆家欢，从小在渔场和水产市场里生活，各种水产品和市场行情耳濡目染。2015年本科毕业后，本着对农业农村的热爱，陆家欢毅然回乡从事休闲农业与水产养殖工作，以年轻人的激情，新农人的胆识，在越城大地书写新时代农业创业篇章。

探索种养结合，促进提质增效

陆家欢结合自身所学专业，发挥创新意识，刻苦钻研，敢于试验，打造以水产养殖为特色的休闲农业乡村新业态，领先全省对方圆观光农业园的部分水产养殖塘进行种养结合新模式探索，挖掘生产过程中农艺与渔技融合度较低，配套设施及机械生产相对滞后等诸多问题，逐步总结出合理规划、科学管理、数字赋能和三产融合等多条实践经验，其“藕鱼共生”模式不仅取得良好的产品效益，也带动了休闲观光业务，并成功创建市级美丽渔场，年游客量超10万人次，实现提质增效。

在陆家欢经营管理下，企业逐步发展成集餐饮会务、水产养殖、渔业捕捞、蔬菜苗木种植、农产品销售等于一体的综合性精品园区，受到省、市领导亲切关怀，并多次指导调研。多年来获得国家AA级风景区、全国休闲农业与乡村旅游四星级单位、农业农村部水产健康养殖示范场、浙江省休闲渔业示范基地、绍兴市重点农业龙头企业等荣誉称号。凭借过硬的产品质量和优质的产品服务，通过无公害农产品产地认定和无公害农产品认证，入选第一批绍兴市区域公共品牌“会稽山珍”“鉴湖河鲜”授权使用单位，产品远销全国。陆家欢在专注于管理与技术学习的同时，积极迎合现代社会对农产品消费的趋势，开展多种形式的农产品销售，同城配送、省内直销和线上结合，在农产品销售方面积累了丰富的经验与渠道，并依托绍兴市悠久的历史文化融入农产品营销中，围绕市场需求的变化，创新包装与个性化需要，取得良好的市场反馈。

2021年成立越城区水产产业农合联，陆家欢当选理事长。通过水

产生产主体间交流与合作，加强信息互通、优势互补、资源共享，推动越城区水产产业高质量发展。

勤于自我充电，技术带动共富

陆家欢重视自身教育培训发展和技能提升研修，参加浙江农艺师学院在职研修生（2019 年 9 月—2021 年 9 月）培训、2021 年度绍兴市农创客高级研修班和农业农村部、财政部 2022 年度乡村产业振兴带头人培育“头雁”项目等多个培训研修，在新形势下农业政策理论、新型种养结合模式探索和农产品网络营销中汲取较多宝贵经验。

陆家欢作为主要成员参与绍兴市创新驱动助力工程项目建设，成功创建国家级学会服务站——中国水产学会绍兴服务站。开展企业需求摸排、科技项目攻关、科技决策咨询和科技成果转化等服务，多年来扎实推进绍兴市水产行业转型升级，带动全市 100 余家企业与农户增效增收。担任浙江省水产技术推广系统行风监督员，进一步促进全省先进水产技术推广普及。

陆家欢积极参与浙江省供销社科学研究重点项目、绍兴文理学院课题研究等省部级项目多项，总结生产、销售环节先进经验，以第一作者发表《浙江省农业综合种养模式现状及发展对策》《浙江省青年农创客网络直播使用行为影响因素》等期刊论文多篇，自主研发《一种水产养殖进排水防逃逸装置》《一种水产养殖设备》《一种稻虾养殖装置》等实用新型专利多项，《渔业病害在线诊断系统 V1.0》计算机软件著作1项，起草制定《莲藕与中华鳖种养结合技术规范》《水稻与克氏原螯虾种养结合技术规范》企业标准2项，并陆续运用至实际生产经营环节，取得良好效益，企业成为浙江省农业科学院、浙江省农艺师学院示范实训基地。

坚持党建引领，助推创新创业

陆家欢作为一名共产党员，始终高标准严格要求自己，坚持用党的思想理论武装自己的头脑，用新思路新见解新实践，扎根农村，发光发热。2023年以基层工会代表身份参加浙江省工会第十六次代表大会，贯彻落实党的方针政策，牢记殷殷嘱托，感恩奋进争先，在本职工作中干在实处，勇立潮头。陆家欢积极参加省、市、区各级党建宣讲、创新创业比赛，把新时代农业农村发展风貌和农创客敢为人先，投身乡村的精神品格以各种形式展现出来，荣获绍兴市持续擦亮“三农”金名片暨“听党话、感党恩、跟党走”优秀宣讲作品一等奖、浙江省第五届农村创业创新大赛绍兴市赛区二等奖、绍兴市第十届创新创业大赛三等奖等奖项。

陆家欢还牵头发起成立绍兴市越城区农创客发展联合会，开启青年农创客资源共享、抱团发展新方向，开展交流学习、技术培训、项目协作、展示展销和公益服务，率先成立全市第一个农创客主体的党支部，切实构建好越城农创客组织阵地，党建联建搭平台，培育人才促发展，系列活动聚合力，更好地在乡村振兴进程中贡献青年农创客智慧和力量。

优化技能服务，践行公益使命

陆家欢多次举办绍兴市新青年下乡、大学生暑期社会实践等活动，带领广大青年参与劳动，体验生产，并开展校企合作、产教融合，对新技术新模式探索起到积极作用，先后成为浙江越秀外国语学院创业导师和浙江农业商贸职业学院培训专家。此外，陆家欢积极与农业龙头企业、农民专业合作社、家庭农场、种养大户等有机对接，优化农业科技服务，推广成果应用，成为绍兴市新型农业经营主体辅导员和越城区农业产业技术创新与推广服务团队成员，对新锐农创客无保留地介绍农业技术，对接销售渠道，鼓励青年投身乡村，回报家乡，取得较大社会反响。

荣誉证书
HONORARY CREDENTIAL
授予陆家欢同志：
“越城区技能大师”称号
绍兴市越城区人力资源和社会保障局
二〇二三年十二月

荣誉证书
HONORARY CREDENTIAL
陆家欢同志：
荣获绍兴市持续擦亮“三农”金名片暨“听党话、感党恩、跟党走”优秀宣讲作品推选评比
一等奖
特发此证，以资鼓励。
中共绍兴市委农村工作领导小组办公室
中共绍兴市委宣传部
2022年9月

在技能培育方面，陆家欢作为浙江省技能人才评价考评员，参与全省农业经理人技能考评工作。2023年领办绍兴市越城区技能大师工作室，累计动员辅导10余名农创客参与农业经理人高级工、中级工职业

技能等级认定，对绍兴市该工种的人才培育和发展起到重要推动作用。

不忘初心，不忘感恩，陆家欢积极投身公益事业，践行公益使命，特别是在疫情防控、自然灾害、助老纾困中奉献爱心、传递温暖，获得绍兴市越城区“村村都有好青年”“美丽越城”建设先进个人等荣誉称号。陆家欢的创新创业事迹还受到共青团中央“中国青年报”和浙江省委组织部“之江先锋”官方报道，不断激励广大青年投身乡村、深耕农业，在农业的广阔舞台挥洒青春，实现价值。

王磊——隐山而居，与蜂同频

王磊，1986年出生，中共党员，浙江省绍兴市人，绍兴山隐蜂业有限公司总经理，“尚永”“山隐王氏养蜂”“醇蜜堂”“蜜秘花园”等蜂蜜品牌创始人，首批农业农村部财政部培育“头雁”项目乡村产业振兴带头人，浙江省蜂业协会第八届理事会理事，2020年度绍兴市越城区大学生农业创业之星，绍兴市越城区农创客发展联合会副会长，农业经理人，茶艺师。

三代传承养蜂技术，见证百年养蜂文化

王磊是一名“80后”养蜂人，朋友都称他“蜂王”，而他与蜜蜂的缘分，要从王磊外公养蜂的时候说起。

20世纪50年代，王磊的外公就开始在业余时间养殖蜜蜂了，从一开始的2箱，到后来的10箱、20箱。那时候老百姓的生活水平还很低，吃饱是重点，蜂蜜和蜂王浆作为滋补品，普通百姓根本不会买。

（绍兴电视台采访王磊外公徐华福讲述三代养蜂人的故事）

（王磊父母在蜂场查蜂　摄于20世纪80年代初）

（王磊和父亲在蜂场采女贞子蜜　摄于2012年）

所以在那个年代，王磊外公蜂场采集的蜂蜜和蜂王浆，大部分都是卖给供销社。而王磊母亲徐美香也是在她父亲的影响下开始学习养蜂，补贴家用，走上了专业养蜂之路。之后，又经人介绍碰到了同是养蜂人的王磊父亲王尚永，一起建设了新的养蜂场，养殖蜜蜂规模达200多群，取名为福全镇徐山村王尚永养蜂场，简称王氏养蜂场。

王磊从小就跟着父母在外养蜂，长年漂泊在外。直到读小学的年纪，才回家上学。作为养蜂人家的孩子，他深知养蜂的艰辛。

2007年，王磊从外贸英语专业毕业并顺利进入一家外贸公司。可每当他回家，父母养蜂的辛苦与自己的无能为力让他就产生了一个念头：如果我从事这个行业，父母就不用这么辛劳，同时我也可以打造自己的蜂蜜品牌，把销售做起来，也是一条致富之路。于是在2009年，王磊辞掉了外贸公司的工作，正式注册成立了王尚永养蜂场和王氏蜂产品店，开始了他的养蜂创业之路。

“一天都要被蜜蜂叮二三十下，天天都要被叮。没被叮惯的人相当痛，最严重的时候，眼睛也是肿的，嘴巴也是肿的，一开始真受不了。”而如今，他笑称被蜜蜂叮咬已没有了痛感。

“养蜂人就是中国的‘吉卜赛’人，追着花儿跑，哪里有花哪里就有他们，平日都是住在一个简陋的帐篷里，水电都是问题，每年在家只能待两三个月，一年要走上万公里路。”养蜂人不会固定在一个地方，而是追逐着花期采蜜，哪里花开就把蜜蜂和蜂箱搬到哪里。蜂农迁徙的时候极为辛苦，要把所有的蜜蜂箱和所有帐篷里的生活用具都挑上大卡车，而一般蜂场都是放在田地或靠边的小路，这就意味着要走 2～3 次跳板才能顺利把蜂箱装上 9.6 米长的大货车。搬蜂场一般都是早上开始做搬迁的准备，拆帐篷，整理生活用具，每个工具都归类，等到傍晚天蜜蜂都归巢了，开始挑蜂箱，待所有蜂箱固定后就开始 2 个人抬蜂蜜。3～4 个小时后人也基本上乏力了。然后开始下一个场地采蜜，晚上在车上稍作休息后第二天到达目的地又开始重复劳动，把货车上的一切再卸下来，让小蜜蜂熟悉新的环境。直到今天，王磊很清楚记得第一次搬蜂场的情景，摇摇晃晃地挑着蜂箱……

养蜂靠天吃饭，有时花期遇到雨季，一年可能白忙活，温度、气候、水源哪一样不达标，都有可能血本无归。养蜂技术也很关键，要做好防螨防病，才能养好蜜蜂，酿得好蜜。为此，王磊不断地从蜜蜂书籍、影视资料和同行中学习养蜂方式方法，在全家人的共同奋斗下，蜜蜂的蜂箱规模从最初的 200 多箱发展到后来的 800 多箱。蜂场也在 2010 年通过了浙江省无公害农产品产地认证。

（王磊和父亲搬蜂场）

早出晚归的日子磨砺着王磊吃苦耐劳的精神，仿佛是要告诉他前进路上的困难。果不其然，随着规模的不断扩大，蜂蜜的产量也越来越大，尽管夜以继日的劳作已经让他感到疲惫，但销路成了一个非常大的问题。靠批发蜂蜜的利润很难维持蜂场的正常开销，再加上天气这个无法可控的因素，劳动与收获根本不能成正比，这样的现实问题给王磊带来了沉重一击。他深信，只有自己做市场，打造自己的蜂蜜专卖店品牌，才能优质优价，增加行业竞争力，让自己的蜂业长远发展。他先从蜂蜜质量上下手，改变了以往追求高产量而忽视品质的生产方式，宁可降低蜂蜜产量，也要提高蜂蜜的波美度，生产成熟蜜。但他也知道，仅仅如此并不能在众多越城蜂业同行中脱颖而出。

多样化发展蜂产品，工业化改变养蜂模式

（盒装蜂巢蜜）

蜂产品的单一是蜂场销售额无法增长的一大难题。他开始实地考察外地的蜂产品生产，发现原来早在20世纪80年代，中国已经开始研究推广蜂巢蜜的生产技术，他如获至宝，回到蜂场说干就干。

可事情的发展永远不会像想象中那么顺利。由于蜂巢蜜的制

作工艺较为复杂，初出茅庐的王磊不能完全解决蜂巢用料、蜂巢封盖率低等问题。为此，王磊再次陷入困境，他查遍资料、请教各地蜂业前辈，一次又一次实践和失败成了家常便饭，功夫不负有心人，在三个月后的一个普通清晨，一盒完美的蜂巢蜜成功出现在蜂场。

在接下来的日子里，王磊先后注册了“尚永”“山隐王氏养蜂”“醇蜜堂”“蜜秘花园”等多个蜂蜜商标，在绍兴市城西、城南、城东等开设了多个直销专卖店。与此同时，他在原有槐花蜜、百花蜜、山花蜜等蜂蜜产品的基础上发展了多种衍生产品，如蜂蜡润唇膏、蜂蜜香皂、蜂蜜柠檬茶、蜂蜜黄酒奶茶、蜂蜜酒等，特别是蜂蜡润唇膏，2012 年一经推出就供不应求，第二年更是吸引微商慕名而来。这些产品的出现，不仅获得了越来越多的当地消费者的青睐，也标志着王磊的蜜蜂事业坚持不断创新，产业也越做越大。

（王氏养蜂东街店　摄于 2009 年）

多年的一线工作和店铺经营让王磊意识到，蜜蜂养殖作为行业的基础，目前大多蜂农还处于农耕时代，用小而全的生产模式养蜂，全手工的管理造成一个蜂场一个样、一个蜂农一个标准的局面，根本无法达到蜂蜜产品的标准化和高质量，也不可能形成行业大的发展，要改变行业现状只能从根本上改变生产模式，按照工业化、信息化管理蜜蜂养殖和蜂蜜生产全过程，形成全新的专业化养蜂，真正完成产品控制、减轻劳动强度、提高生产效率，助力生产高品质蜂蜜，同时，他发明了一项实用新型专利《一种家用蜂蜜便携式灌装桶》，提高了蜂蜜产业链下游的效率。

2016 年，王磊注册成立了绍兴山隐蜂业有限公司，新建蜂蜜食品厂，按工业化的品控要求管理蜂场，并顺利通过食品药品监督管理局的 SC 认证。除此之外，王磊还积极参加由农业农村局、商务局等政府部门举办的农产品博览会，不断拓展外地市场，基地生产的蜂蜜入选绍兴市区域公共品牌“会稽山珍”“鉴湖河鲜”授权使用单位，产品先后获得中国创意林业产品银奖、义乌森博会优质奖、2018 年和 2021 年浙江省农产品博览会产品优质奖等荣誉称号，他个人也在 2020 年被评为绍兴市越城区大学生农业创业之星。在他的带领下，其公司绍兴山隐蜂业有限公司于 2023 年获得浙江省科学技术厅颁发的《浙江省科技型中小企业证书》。

无公害农产品

产地认定证书

经审核，该产地符合无公害农产品产地相关标准和要求，被认定为 浙江省 无公害农产品产地。

特颁此证

生产单位：绍兴县福全徐山王尚永养蜂场

产地名称：浙江省无公害畜牧业产地

产地地址：绍兴市鉴湖镇坡塘龙虎山农场

产品名称：蜂花粉

产地规模：0.1万群

证书编号：WNCR-ZJ10-62162

颁证日期：2010-12

证书有效期：2010 年 12 月至 2013 年 12 月

颁证单位：

代表签字：

荣誉证书

绍兴山隐蜂业有限公司：

你单位蜂蜜堂牌蜂蜜在2018浙江农业博览会优质产品评选中荣获优质奖。

特颁此证。

（有效期：一年）

建设智慧养蜂场，促进产业深度融合

如今，王磊已经开始向下一个目标前进：建设智慧养蜂场，带动周边的蜂农共同致富。养蜂业是山区扶贫的有效手段，不少县域政府为提升当地养蜂产业特色，希望借助新技术探索出一种提升知名度和经济效益的模式。王磊深信智能蜂群认养是结合蜂业文旅发展思路，将蜜蜂养殖、休闲度假、风俗民情融合为一体的社会活动。

蜂群认养便是其中一种创新的方向，属于“互联网＋蜂群认养”模式，以现场体验、远程互动为卖点，将特色蜂蜜，旅游景点，风情民俗等进行整合包装，消费者预付生产费用，生产者提供绿色、有安全保障的蜂蜜，二者之间建立一种风险共担、收益共享的生产方式，其流程主要包括认养下单、管家接单、挂牌认养、蜂群直播、亲子活动、收获蜂蜜六大环节。

同时，他向传统蜂箱投入许多智能设备，设计出了一种智能蜂箱，远程查看蜂箱巢门口蜂群视频，并借助物联网传感器和高清摄像头，7×24 小时监测蜂场状态，便于认养人了解蜂群活跃性及采蜜积极性。该方式属于“互联网＋合作社（企业）＋蜂农＋消费者”的综合性产品，旨在为养蜂行业推出新的经济业态。此设计帮助解决经营难以增收的核心问题，推动一二三产业的深度融合及共同发展。

在未来，王磊将以生产、销售为一体，为蜂业创造更多发展思路，进一步推动“甜蜜”产业升级，并与蜂农建立稳定的链接平台，加深蜂农之间“合作、协作、协调”的关系，带动蜂农共同致富。

何腾飞——实地创新，绿色生态新养殖

何腾飞，浙江省绍兴市人，1987 年出生于绍兴市越城区东湖镇水产村一个渔民家庭。是绍兴市越城区兴隆水产专业合作社法人代表。多年来他致力于研究改良种苗、优化养殖、建设新型水产养殖场、开拓水产销售渠道等事项，为推动绍兴市本土水产发展起到了带头作用，做出了杰出贡献，

被评为大学生农创十大标兵。

地灵人杰出英才，因地制宜勇创新

自古以来，绍兴市便有水乡泽国和鱼米之乡之称，河道密布，湖泊众多，故而渔业一直是绍兴市农业支柱产业之一。许多居民因地制宜，靠水吃水，依靠渔业为生。何腾飞便是出生在一个渔民家庭，从小他耳濡目染，见证着父辈在水产养殖行业摸爬滚打，故而对水产养殖有一定的认知基础，也对此产生了浓厚的兴趣，这对他日后选择从事水产养殖行业有着不可忽视的影响。毕业后他经过深思熟虑开始接触水产养殖行业，体验着水产人的辛劳，多年间对水产养殖积累了深厚的情感，也为他今后能够在水产养殖行业深耕前行奠定了坚实的基础。随着经济技术的发展和全面建成小康社会的不断深入，渔业发展面临着重大挑战，渔业转方式调结构任务日益紧迫，从事多年水产行业的何腾飞对此深有体会。他时常思考：一味地依靠传统的养殖与销售是否还能应对当今市场的瞬息万变，若不顺应时代做一些改进，未来的他们将会面临怎样的挑战。于是，何腾飞开始通过各种途径，自主了解、学习现代化渔业的相关知识。即使何腾飞因为家里从事水产养殖的缘故，对此有着一定的基础与助力，但是想要充分全面、深入透彻地了解水产养殖行业也并非易事。起初他只能依靠查阅资料，询问家人多年来在实践中总结的知识来丰富自己的认知，这让他觉得自己德薄才鲜，诠才末学，想要突破创新，在水产行业创出一片天，这些知识远远不够。于是，他开始着手实地考察学习，让自己以更直观的方式获取相关知识。

绍兴市水产养殖本就发达，许多经营多年的老牌传统养殖场可谓是百花齐放，更有一些初步融入新思路的新型养殖场开始崭露头角，如雨后春笋般破土而出。何腾飞认为："想要在一个行业稳步前行，甚至带领行业走上新高度，我们个人要做到，虚心从老前辈那里吸取经验教训，积极与同辈互通想法，乐于为后辈助力解惑。集思广益再深入思考才能有所顿悟。”之后的日子里，何腾飞开始多方打听当地经营水平优异的养殖场，想尽办法与老板取得联系，争取到实地参观考察的机会，认真观察他们的养殖、经营模式，虚心请教专业知识。每参观完一个养殖场，他都会细致地记录下每一个要点，认真总结，并反复多次条分缕析。通过温故与思考，他总能从中得出自己独到的新见解，并将这些想法讲给前辈与同伴听，进一步吸取他人的意见。因此，周围人对何腾飞做出了极高的评价：能吃苦，很谦虚，有头脑，有想法。

产量品种一把抓，多样水产进万家

2008年11月，何腾飞注册了绍兴市越城区兴隆水产专业合作社，自任法人代表，开始更加深入学习实践水产养殖产业链。何腾飞通过走访观察、调研市场发现：随着人民收入水平不断提高，生活水平不断改善，人们对于餐桌上的食物也逐渐由能吃饱转向能吃好、时尝鲜。在人人能吃得起，时常能吃得上水产品的前提下，人们越来越重视购买的水产品是否鲜活、口感是否鲜美，更有越来越多的人时常想要购买一些猎奇、高品质的水产品尝鲜。若继续依赖传统养殖方式与现有品种，恐无法满足顾客的需求，很难适应未来的市场。于是何腾飞想要从养殖品种入手，在提升传统品种产量、质量的同时，积极研发新优品种。不仅要对现有品种进行改良，还要培育出更加便于养殖、口感更佳、更有营养价值的新优品种。将足量、优质、实惠、多样的水产品送上老百姓的餐桌。多年来他先后参加过河蟹、甲鱼、罗氏沼虾、鳜鱼、南美白对虾等名特优新品种的养殖，对加州鲈鱼、马口鱼、黄颡鱼、

淡水石斑等特种水产的养殖研究和开发均取得了显著成就。创建了上虞海涂南美白对虾养殖基地、南美白对虾苗种培育基地，绍兴市海涂鱼鳖混养基地，年培育南美白对虾苗 2 亿尾，生产南美白对虾 500 吨、甲鱼 15 吨、各种鱼类 2 000 多吨。

改进传统式养殖，兴建现代化场地

总结先前对本地养殖场的实地考察经验，何腾飞意识到：绍兴市属于淡水养殖区域，主要利用池塘、水库、湖泊、河沟，具有不可衍生性，不似海洋开阔无边。光靠传统的养殖方式，若想增加产量，只能不断地围圈水域，牺牲更多的水面空间。随着养殖规模的扩大和密度的增加，因养殖对水环境和土壤环境等的消耗越来越大，以及在养殖过程中各类药物的使用，将使得养殖水环境持续恶化。当务之急，应建立起一个科学高效的现代化养殖基地。2009 年年底，何腾飞在绍兴市越城区现代农业综合区（东湖镇仁渎村）承包养殖水面 408 亩，并对该养殖基地进行全面的改造。建设标准池塘、优质进排水渠道、连栋钢管大棚等高标准设施，划分养殖区域和研发区域，分组团队继续实地研究淡水产品的多种养殖模式开发。在何腾飞的带领下，2010 年，他的水产基地被列入市区“菜篮子”水产品生产基地。2011 年 2 月，基地被列入第三批省级特色渔业精品园区创建点，何腾飞本人被评为大学生农创十大标兵。

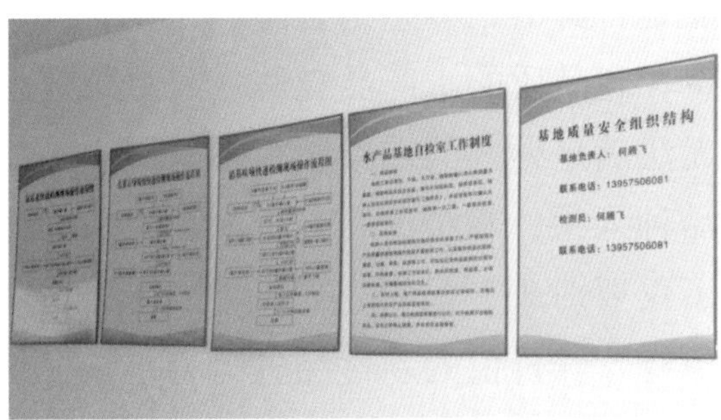

一生执着于一事，步步坚定显坚持

多年来，何腾飞早已把将绍兴市本土现代化水产养殖做好做强定为他一生追求的目标，数十年如一日地为此奉献自己的心血。他凡事亲力亲为，做事认真负责，坚定不移，不辞辛劳，与兴隆水产专业合作社共同进步，带领兴隆水产专业合作社与养殖基地一步一步向前走。2012年开拓新的养殖模式引进虾鳖混养技术，建设高位池养殖塘100亩，塘深2米，采用水泥板护坡，配备底增氧设施。2018年投入研究南美白对虾淡水养殖，尝试完善南美白对虾河虾混养以及南美白鮰鱼淡水混养模式，当年取得重大突破，南美白对虾亩产最高达到了450千克，河虾亩产最高达到了40千克。次年，通过绍兴市水产行业协会推广与协助，何腾飞毫不吝啬地为本地多位养殖户提供技术咨询和沟通平台，积极为同行答疑解惑，传授自己总结的经验，与同行共进步，携手推动绍兴市新水产蓬勃发展。2021年尝试引进加州鲈鱼内塘立体混养，并试验本地加州鲈鱼土池标粗水花育养，均取得了不小的收获并积累了诸多经验。未来，兴隆水产专业合作社将会坚持致力于发展多元化的养殖模式，加强园区绿化以及环保建设，将园区建设成为一个科学、健康、高效的示范型精品园区。

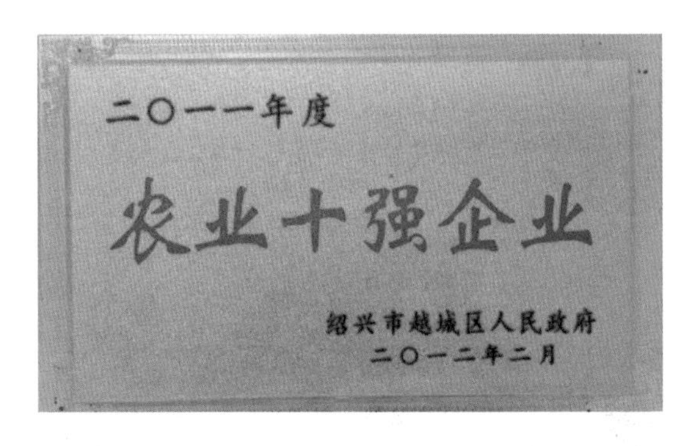

以党引领为旗帜，大步迈向新未来

截至目前，园区已累计投资1 000多万元用于基地建设，完成了罗氏沼虾、南美白对虾、黄颡鱼、鲈鱼、鳜鱼等多养殖品种在多种模式下的数据记录，为未来对传统品种的改良、新品种的开发研究打好了坚实的基础。兴隆水产专业合作社在党的领导下，始终坚持以人民为中心的发展思想，不仅关注自身的发展，更注重对社会的贡献。他们通过引进新技术、新品种，提高了水产养殖效益的同时，通过进行多方面宣传，以及组织各种培训交流活动，扩大自己在本地水产行业中的影响力，获取了许多水产养殖户的认可和信任，引得许多养殖户争相加入，合作社的规模从一开始的5人增加至52人，到最后扩大到102人，为当地渔民提供了更多的就业机会和收入来源。本着生产者对食品安全的第一责任，兴隆水产专业合作社坚定实施着健康安全的准则，要求把绿色生产的原则放在第一位，从科学养殖的角度实现生产效益的提升。贯彻落实“十三五”期间，国家通过的促进渔业绿色发展、循环发展、低碳发展来实现渔业生态文明建设的目标。致力于将绍兴市现代渔业发展由注重产量增长转到更加注重质量效益，由注重资源利用转到更加注重生态环境保护上来，走产出高效、产品安全、资源节约、环境友好的农业现代化道路。何腾飞以实际行动践行党的宗旨和使命，为推动农业现代化、促进农民增收致富、保护生态环境等方面作出了积极贡献。未来他将始终心怀热忱，带领兴隆水产专业合作社与基地，一步一个脚印走向更广阔的未来，为绍兴市水产养殖业做到带头作用。

第四节

周思锃——科技养猪，生态养殖

周思锃，1995年出生，浙江省绍兴市人，绍兴市辉达生态养殖有限公司副总经理，越城区农创客发展联合会副会长。其公司获得浙江省农业科技型企业、省级生猪精品园、省美丽生态牧场、国家级生猪产能调控基地、省级两化试点场、省畜禽养殖标准化示范场绍兴市重点农业龙头企业、绍兴市高新技术企业等荣誉。

从江西师范大学毕业后，他毅然选择了与众多同龄人不同的职业道路——投身农业生产。在父亲的引导下，他接手了家中承包的128亩土地，以生猪生态养殖为起点，开启了一段充满挑战与创新的创业之旅。他致力于打造一个现代化、智能化的生态养殖场，为市场提供健康、绿色的猪肉产品。作为一名年轻创业者，周思锃继承了父辈对农业的热爱与执着，又以科技为引领，注入了新的思维与活力，推动着农业生产的现代化、智能化转型。

项目周围概况、现状

依靠科技，绿色养殖

周思锃深知科技是推动社会进步的第一生产力。特别是在农业领域，想要实现快速发展并确保质量上乘，就必须紧紧依靠科技的力量。因此，他带领的绍兴市辉达生态养殖有限公司，投入了大量的资金和资源，用于建设先进的设施和技术，以推动农业生产的现代化和智能化。

周思锃坚信，只有将最新的科技应用于农业生产中，才能提高生产效率，保证生猪质量，同时降低对环境的影响。为此，公司引进了一系列先进的农业技术和设备，包括智能养殖系统、自动化饲料投放装置、环境监测与控制系统等。这些技术的应用，不仅提高了养殖场的运营效率，也大大减轻了员工的劳动强度。

在日常工作中，周思锃敏锐地察觉到猪粪处理对于猪场运营和环境保护的重要性。面对未经处理的猪粪销售难题及由此产生的环境污染问题，他果断决定实施一项名为“废物变宝”的工程，旨在将猪粪转化为有价值的肥料资源，实现农业废弃物的资源化利用。2019 年，周思锃投入 100 万元资金，在养殖场内建立了先进的发酵罐系统。这一系统利用微生物发酵技术，将猪粪进行高效转化，让原本令人头痛的猪粪被转变为富含有机质的肥料，可替代传统化肥使用。

这不仅大大解决了场区内猪粪堆积的问题，还实现了资源的循环利用。周思锃的养殖场现在能够每周固定出产 10 吨有机肥料，这些肥料不仅品质优良，而且富含微生物和营养元素，对农作物的生长具有显著的促进作用，不仅减少了对化肥的依赖，而且降低了生产成本，为农户们带来便利。

场区巡逻的时候，周思锃发现员工一般都在忙于饲料的搬运，缺少对于生猪的健康问题的关注。为了让生猪生长的更加健康，2020年，他又投入大量资金引入了自动喂料系统，以进一步提高员工的工作效率，同时优化养殖流程，确保猪只的营养需求得到满足。

自动喂料系统采用先进的技术和精确的算法，能够根据猪只的生长阶段、体重和食欲等因素，自动调整饲料的投放量和投放时间，通过精确控制饲料投放量，有效避免了饲料的浪费。同时，猪只的营养需求得到了更好的满足，生长速度和质量也得到了提升。这不仅减轻了员工的劳动强度，使他们能够将更多的精力投入观察猪只的生长情况和健康状况。

此外，自动喂料系统还带来了环保方面的益处。由于减少了饲料的浪费，养殖场的废弃物产生量也相应减少，从而减轻了环境处理的压力，符合一直以来倡导的绿色发展理念。

应用物联网技术，促进生猪产业可持续发展

传统的巡查方式由于场区面积大，需要耗费大量时间，且效率低下，已无法满足现代养殖业的管理需求。面对这一挑战，周思锃积极寻求创新解决方案，利用物联网技术建立了猪场信息化管理系统，实现了对猪场的远程监控和智能化管理。

周思锃深知物联网技术在数据采集、传输和处理方面的优势，因此决定将其应用于猪场管理中。他带领团队在场区内安装了各类传感器和监控设备，通过无线传输技术将猪只的生长情况、饲料消耗、疾病发生等信息实时传输到信息化管理系统中。借助这一系统，只需通过手机

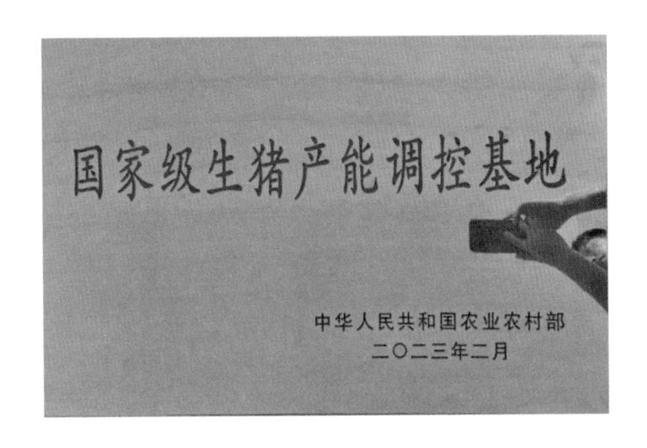

或电脑即可随时查看猪场的各项信息。无论是猪只的体重、食欲等生长数据，还是饲料消耗情况、疾病预警等关键信息，更加精确地掌握猪场的运行状况，及时发现并解决问题。

从事生猪养殖五年来，他不断提升牧场的管理水平，将先进养殖技术运用到生猪喂养、繁育等，推动养殖技术现代化发展。公司获得国家级生猪产能调控基地、绍兴市农业龙头企业、绍兴市农村科技示范户等荣誉。

通过物联网技术的引入，周思锃成功解决了场区面积大、巡查时间长的问题，实现了对猪场的远程监控和智能化管理。这一创新举措不仅提升了猪场的管理水平，还为养殖业的可持续发展注入了新的动力。

跟随科技与创新趋势，驱动产业持续发展

在农业领域，科技与创新是驱动产业持续发展的关键动力。在日常工作中，周思锃敏锐地观察到小猪的死亡率相对较高，这成为他深入研究的切入点。他深知，降低小猪的死亡率对于提高整个养殖场的效益和生猪的健康水平具有重要意义。为此，他利用业余时间学习生物医学技术，并广泛请教行业内的领军人物，以期找到解决这一问题的有效途径。

经过长时间的学习、试验与研究，周思锃终于取得了重要的突破。他发表了题为《断奶仔猪无名高热综合征的治疗试验》的文章，详细阐述了他对断奶仔猪无名高热综合征的治疗方法和效果。在文章中，断奶仔猪无名高热综合征是一种由多种病原体引起的复杂疾病，传统的治疗方法往往难以取得理想的效果。因此，他尝试采用新的治疗策略，结合生物医学技术，对患病小猪进行精准治疗。

他首先通过改善饲养环境、提高饲料质量等方面的实验室检测和临床观察，确定了引发无名高热综合征的主要病原体。然后，他针对性地选择了具有杀菌、抑菌和抗病毒作用的药物，并结合中药和西药

进行联合应用。通过科学合理的用药方案，他成功地控制了病情的发展，降低了小猪的死亡率，提升了生猪的健康水平和养殖效益。在他的努力下，其养殖场获得浙江省首批“兽用抗菌药使用减量化达标养殖场”标识。

周思锃通过个人努力和创新，成功打造了一个现代化、智能化的生态养殖场。他积极参加省级乡村产业振兴带头人培育“头雁”项目培训，努力把学到的先进养殖技术运用到生猪喂养、繁育等工作中，不断完善管理制度，推动养殖技术现代化发展。2021 年，绍兴市辉达生态养殖有限公司成为生猪养殖业的畜禽养殖标准化示范场，2022 年，成为皋埠街道年度优胜农业企业，充分展示了生态养殖在促进经济发展、保护生态环境、提高社会效益方面的积极作用。未来，他将继续探索和实践生态养殖的新技术、新模式，为推动农业的绿色可持续发展贡献自己的力量。

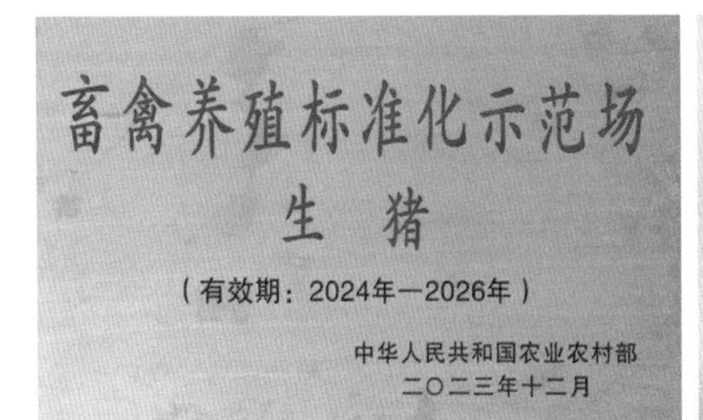

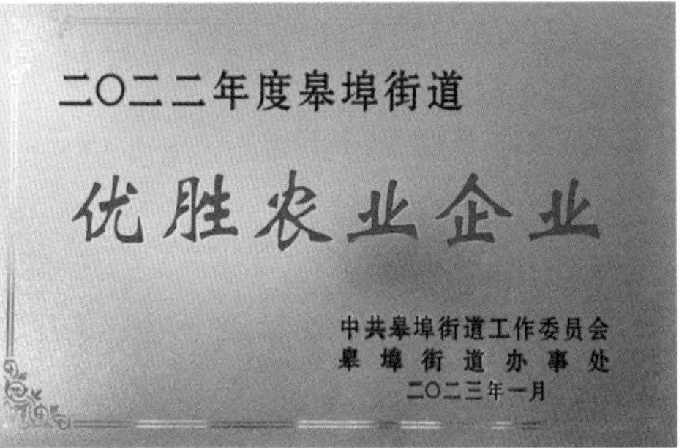

第三章

加工营销篇

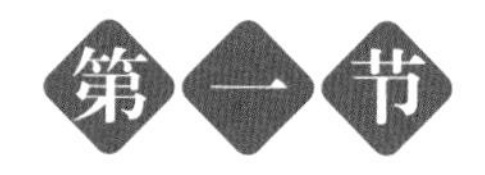

张帆——建强“三支”人才队伍，助推“三农”共富之路

20世纪90年代，张帆父亲张铮先生创办新昌县澄潭茶厂。凭借着租赁的几间简陋厂房、几台老掉牙的茶叶炒制机，在坎坷中砥砺前行。在这跨世纪的数十年中，他既见证了新昌县茶叶从“圆”到“扁”的变迁史，同时也充分演绎并初显了大佛龙井、天姥云雾、天姥红茶“三茶”共舞的局面。其所属子公司有浙江帅农鸟哥农业发展有限公司、新昌县澄潭江茗茶加工厂等产业平台。聚集茶园种植管理、茶叶生产加工、品牌经销加盟、电商经营管理、网红达人孵化、抖音直播带货、传媒摄像摄影、茶旅文化推广等线下或线上平台，由此，形成三产统筹的“互联网+”茶业企业，并成功注册府燕尔、昌兴记茶叶商标。

子承父业，激荡青春活力

2012年张帆大学毕业后，即赴法国学习茶叶商贸专业知识；2014年又到摩洛哥（北非）实践国际贸易业务。同年底，因受父亲之邀回国，毅然放弃原有的优厚薪资待遇，郑重地接过父亲的接力棒，扛起了澄潭茶厂这一新时代茶企产业的发展大旗，并负责企业旗下所有茗茶的相关业务及所有品牌的运营管理。

上任即奔跑，实干显担当。张帆秉承带头富裕、更要带领共同富裕的企业宗旨，激励并培养了一批有文化、懂技术、善经营、会管理

的青年人才，让他们融入农村的广阔天地大施所能，大显身手，大展才华，加速推进本区域农产业的高质量转型升级步伐。

“工欲善其事，必先利其器。”澄潭茶厂结合茶企资源禀赋、产业基础、科研条件，顺应时代潮流，以“三茶”统筹发展为引领，在数字生产、数字营销、高素质人才培育三个维度上，对原有厂房进行升级改造和重新布局，并率先启动了大佛龙井、天姥云雾、天姥红茶三款品牌的茶产业数字化建设；同期，建成了集参观通道、茶文化馆、博士站、品牌中心、电商中心、新媒体中心、培训中心等功能设施于一体的现代化综合大楼，强有力地推进了新产业、新模式、新动能的发展，从而赋能传统产业转型升级，为乡村振兴绑上高速发展的助推器。

一直以来，新昌县澄潭茶厂秉持“人才兴企、人才强企”战略，统筹推进人才队伍建设，打造一支懂农业、进农村、爱农民的工作队伍，因地制宜发展新质生产力，逐步摆脱传统生成模式和发展路径，并充分发挥每位员工的潜能，构建“海阔凭鱼跃，天高任鸟飞”的就业创业环境，形成一体多元发展的新格局，辐射带动农户，促进共富。

新昌县是全国产茶大县。在这一片片小小的茶叶上，蕴藏着当地18万农民对美好生活的期盼。

一片茶叶富裕一方百姓。一直以来，新昌县委县政府始终把茶产业作为战略性主导产业来抓，并将其纳入乡村高质量发展、促进共同富裕发展战略中。围绕“三方协同、三兴融合、三化赋能”的发展理念，持续出台九轮茶产业扶持政策，率先在全省启动茶产业数字化建设，构建了茶苗培育→茶园管理→茶叶加工→茶叶流通，及相关产业一体化数字管控体系、智能化生产管理体系、质量追溯和诚信评价体系，从而加速推动了茶产业迭代升级，初步形成以大佛龙井为主导，天姥红茶、天姥云雾为补充的“一体两翼”飞鸟型茶产业结构，目前全县拥有县级以上茶叶龙头企业 20 多家。

澄潭茶厂，积极响应政府号召，借力政策导向，由此成长为一家集茶叶生产、加工、科研、内外贸易并重，多元化、数控化、标准化、规模化跨区域发展的综合性省级骨干农业龙头企业。

建强三支人才队伍

人才，企业的中流砥柱 企业的发展命脉。

建强生产技能队伍，激活共富引擎力。坚守实业主业，突出数字应用。张帆优先侧重于生产加工技能队伍建设，以企业为核心、合作社为纽带、茶农为载体三者高度融合，严把产品质量关，创建并不断完善质量安全体系；扩大茶叶生产经营规模，严格实施品牌战略，全力护航产业高质量发展。同时，注重茶叶产品的创新，持续研发新式茶饮品，推动产品快速迭代；积极拓展更高层次的合作伙伴，与新茶饮知名企业成功携手，并展开全方位营销合作。

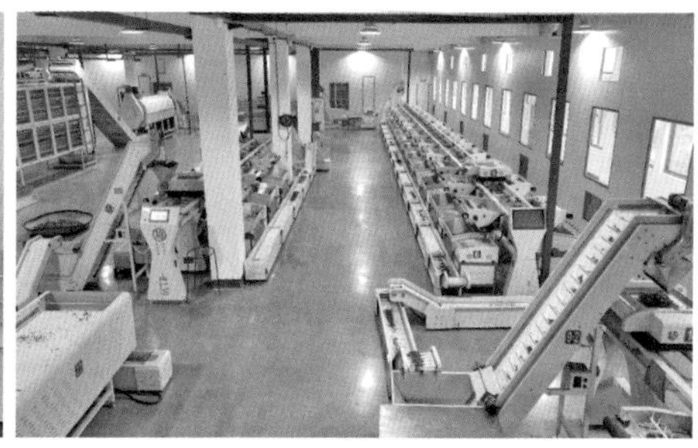

建强市场营销队伍，激活共富驱动力。拓市场、扩订单，紧随“互联网＋传统企业”的新时代潮流，顺应“互联网＋”的未来趋势；构建线下和线上两个营销团队，强化网络运营；选聘并培育一批电子商务网络营销人才，如帅农鸟哥、乡村老六、是吴主任、新昌优选等网红达人，充分发挥他们的专业特长；持续开展短视频直播带货、营销管理、品牌推广等一系列营销活动。通过以上人才与路径的培育和有机整合，倾力延展营销广度及深度，从而极大地推动了本区域农特产品走出新昌县，迈向全国。

建强人才培育队伍，激活共富源动力。贯彻实施千万农民素质提升工程，锻造人才培育队伍；依托各相关科研院所、农广校、农技推广等机构，及其他新型经营主体专业平台，组建涉农专家团队，成功打造现代新农人创新孵化体系；同时，积极承接省市县各级相关机构、社会团体，及各大高等院校的相关人员，举办多轮次各类涉茶培训体验活动，采取课堂讲解＋示范操作＋实地观摩等方式，开展惠农政策、生产技术、经营管理等培训活动，受训人员 3 000 多人次；随后逐步转向短视频制作、电商内容、直播营销等技能培训，并对农村电商从业人员进行公益培训，受训者超过 500 人次，从而让更多的涉农人员逐步从传统农业向电商模式转变；按梯次逐级培育乡村人才，为产业发展注入强劲的人才动力，夯实人才根基。

澄潭茶厂以上述三支人才队伍建设为核心，锚定共富新赛道，盘活人才资源，完善组织体系，初步形成了“产—销—帮”的闭环式共富之路。因此，才能在日益激烈的竞争中脱颖而出，赢得先机，赢得未来，充分激发企业的活力和动力。

扎根“三农”，汇聚共富合力

强化育才用才新体系、新优势，释放各类人才活力，形成三支人才队伍你中有我、我中有你的相融共生新格局，在乡村振兴大舞台中，充分展现创新价值。

一部手机、一场直播、一个链接……在新昌县澄潭茶厂，网红达人帅农鸟哥和乡村老六等营销团队凭借着自身优势，每天准时开展直播带货；镜头聚焦于山地田间，大声“吆喝”本地农特产品，吸引各地粉丝、消费者进入直播间抢购，源源不断地帮助农民朋友，将他们的农特产品推广到大市场中，持续带动农村的父老乡亲共创新财富。

通过线上直播形式，助力新昌县农特产业的健康发展。2023 年，受各种因素影响，全国各地出现了茶叶滞销现象，新昌县的茶叶也不例外，尤其是生产规模小、实力弱的散户茶农，面对诱人的市场只能望洋兴叹。针对这些情况，澄潭茶厂在 2023 年 11 月通过精心策划，组织企业网红 IP 帅农鸟哥，尽力发挥视频、直播、电商等平台作用，达成市场无缝链接，单场直播浏览点击量超 200 万人次，单场茶叶销售额突破人民币 300 万元，为散户茶农打开了全新的销路。

在数字化时代，直播、短视频确实是“数实融合”的生动写照。数字网络平台作为纽带，牵引着供需两端，为农产品流通成功开辟了新“赛道”，从而助力农业产业链提升、价值链重塑，为乡村振兴提供了新路径、新动力。2023 年度，澄潭茶厂农产品销售总值近亿元人民币，其中线上直播成交总单量 100 万余单，总金额 8 000 多万元，线

下销售农产品2 000多万元。同时，通过帮扶辐射等方式带动其他农产品销售，完成销售额4 000多万元，让更多农民享受到数字技术发展所带来的新时代红利。

当前的数字技术扎根乡土，并非抽象缥缈，而是真实可行活力无限。澄潭茶厂自茶产业数字化建设以来，充分发挥茶企产能，增加茶青收购量，尽最大努力解决茶农鲜叶投售难的问题，受益农户超2 000户，每户年均收入增加万元以上。同时，茶企积极转变观念，开展与新茶饮知名茶企深度融合并达成共识，力争每年定向供应优良品质的源头茶叶，实现双方共赢。

在现代新农人培育方面，作为省级五星级农民田间学校、省民办农技推广培训平台、县级农民培训重点机构，多年来澄潭茶厂累计承办省级高素质研修班、实用人才等各类培训1 000人次，短期研学培训3 000人次，为现代农业高质量发展和建设共同富裕示范区提供了扎实的人才支撑。

新昌县正在悄无声息地改变着农业生产方式。再也不是千百年来，那种面朝黄土背朝天的一去不复返的抱残守缺旧貌，而是转变为点手机、看数据、用机械的智慧农业新农人新气象，并已实现了人才链、创新链、产业链“三链”融合可持续发展的崭新局面。

澄潭茶厂在做强做大茶产业的同时，实现经济效益和社会效益双丰收，连年荣获浙江省省级骨干农业龙头企业、省级振兴乡村实训基地、省级星创天地、省级标准化名茶厂、省级农业科技型企业、省级专利示范企业等荣誉。其所成熟运营的自媒体“三农”，多次被央视新闻、新华社、人民日报等央媒宣传和肯定。张帆本人也同时获得了绍兴市领军人才、新昌县领军人才、新昌县五星级乡创人才、新昌县第一届乡村工匠、金绿领等荣誉。

逐梦乡野，深耕广袤田野

小荷才露尖尖角。今后，澄潭茶厂将认真贯彻浙江省委“新春第一会”的会议精神，充分发挥龙头带动和示范引领作用，持续深化生产技能、市场营销、人才培育三大团队建设，凝聚团队力量，以发展新质生产力为核心，以打造现代综合茶企为目标，着力构建新理念、新技术、新形态现代农业产业体系，力争传统产业与新兴产业协调发展、实体经济与虚拟经济融合发展、特色产业与优势产业突出发展，完善联农带农机制，在这片广袤的“三农”土地上深耕细作，为现代农业发展注入新动能，开创新领域、新赛道，深挖农民收入的增长点，唱响更嘹亮的丰收歌，让更多的新农人在田野乡间大展作为，让希望的田野上“淌金流银”；为新昌县积极探索和积累中国式现代化提供县域实践经验，为中国大地上的农产业领域，共筑爱国、创新、育人、共富的新时代精神！

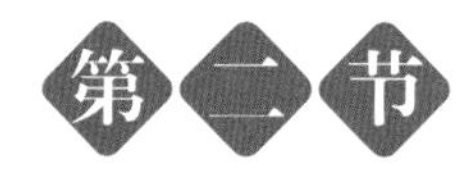

第二节

李尚徐银兰夫妇——夫妻同心耕耘，携手致力农业

李尚，男，1982年出生，安徽阜阳人。现任浙江素尚农业有限公司董事长。李尚本人的创业经历多次被浙江卫视创业栏目、绍兴电视台、绍兴日报、绍兴晚报等专题报道。李尚本人多次被评为绍兴市优秀大学生农创客，浙江省百佳农创客，并担任绍兴市大学生农创客发

展联合会的理事，于2021年担任越城区农创客联合会副会长。

徐银兰，女，1989年出生，浙江省绍兴市人。现任浙江素尚农业有限公司总经理，2018年获得“绍兴市大学生农创客创业创新扶持项目”资助、2019年获得越城区农业创业之星的称号、2021年获得供销合作社行业高级农业职业经理人证书。

浙江素尚农业有限公司，成立于2015年，是一家从事集农产品种植、加工、检测、运输、仓储、冷链技术开发与运用、SAAS信息化系统研发与运用、合理膳食、净菜加工、食材配送于一体的布局农业全产业链的综合型企业。

公司总部占地面积5 265余平方米，设有2 102.23立方米的大型冷库、独立清洗分拣区、猪肉分割室、禽肉分割室、恒温车间、自动化分拣设备平台及检测化验室。公司总部设有总经办、综合部、财务部、企划部、采购部、客服部、仓储部、检测部、分拣部、物流部、基地项目部等部门。

公司通过了“HACCP”体系认证，“ISO”管理体系认证，售后服务认证，生鲜农产品配送服务管理认证；被授予浙江省AA级“守合同重信用”公示企业、浙江省诚信经营示范单位、浙江省科技型中小企业、浙江省农作物新品种示范户、标准创新型企业（初级）、越城区示范家庭农场，拥有浙江省农业农村厅颁发的无公害农产品证书、全国绿色无公害示范单位等荣誉；拥有AAA级资信、AAA级信用、AAA级诚信示范单位证书，同时还拥有9项实用新型专利证书、4项计算机软件著作以及2个专属商标；主要服务于学校、政府机关、医院、金融机构、国有企事业单位、连锁超市、民营龙头企业等重要客

户，目前服务客户100余家，年购销农产品4万余吨。

公司立足长远发展，响应党的号召、为推进农业现代化、振兴乡村经济、精准扶贫共富贡献素尚力量。素尚农业以“让农人干得安心，让国人吃得放心”为使命，坚守“以农为本、以食为天”的价值观，追求“耕耘皆有收获，家家丰盛美满”的愿景，秉承“诚实可信、透明知情、安全放心、价格实惠、服务周到”的经营理念，致力打造生鲜食材配送行业的标杆性企业。

田园梦想：新农人的奋斗与成长

每一个非常规选择总会遭到诸多的反对和质疑，2007年毕业前别人都在忙着找稳定的工作，很多从农村出来的大学生都在思考如何扎根城市，但李尚却在构思自己的田园梦想。选择蔬菜种植，身边的许多亲朋好友都纷纷劝阻，他们觉得年纪轻轻选择如此辛苦没出路的行业肯定会后悔，甚至有人直言在南京理工大学这四年白读了，而李尚却坚信自己做出这样的选择正是因为这四年大学教育的结果，让他敢于有这样的梦想，而且相信自己敢于去实现自己的梦想。

而如今看来，当初的创业决定完全是靠着对梦想的热忱和初生牛犊不怕虎的冲劲，还有些年少轻狂。真正做起了农民，才发现自己的想法太过幼稚，不过也正是这些经历让李尚迅速成长和成熟起来。

2007年秋季台风带来的大水把刚种下的菜苗折腾的一棵不剩，2008年初中国南部发生的特大雪灾，虽经李尚等人20多个小时的持续奋力扒雪，还是让几十个借贷搭建的大棚损失过半，2009年的意外失火，让前面几年的努力化为灰烬……创业初期的磕磕绊绊、起起伏伏，让他切实地明白了农民的不易与靠天吃饭的无奈，但这些并没有磨灭李尚心中的斗志，反而激起了李尚作为新农人的责任与担当，父辈祖辈世世代代靠种地为生，难道就没有一条出路了吗？

至此，李尚把更多的精力花在了对种植技术的研究上。但是蔬菜种植因为季节不同和生长周期长，经验积累特别漫长，后来逐渐开始认识一些同行的前辈，所以那时只要一有空就到处找基地参观学习，拜经验丰富的老菜农为师，加上自己的勤奋和认真，慢慢地从菜农小白变成圈里的示范力量。于2010年初，李尚把自己奋斗多年的蔬菜基地从夏履桥搬迁到了绍兴市越城区东湖街道仁渎村的蔬菜专业合作社基地内，开始追寻自己下一段的田园梦。在此期间，认识了浙江省农业科学院、绍兴市农业科学研究院的老师，通过他们直接接触到更多优良品种和栽培理念，像越蒲一号、荷兰石头番茄、谷雨番茄、浙樱粉等品种，蒲瓜越夏栽培、茄子辣椒吊蔓栽培等技术，不仅给自己带来很多收益，同时也因示范效应给合作社农户、周边农户带来更多新的种植实践和收益。李尚之后便利用这些先进的种植技术和先进的种植管理理念帮助更多的从事农业的大学毕业生和年轻的新菜农，让他们不像自己当年那样走太多弯路。

同心耕耘：夫妻白手起家，共创农业梦

2011年李尚和徐银兰相识，并在绍兴市越城区东湖街道仁渎村的

蔬菜专业合作社基地内扎根土地，白手起家。基地的农用房便是两位年轻人的婚房，在这片土地上开始了两位年轻人的农业梦想。春耕夏种秋收冬藏，在四季轮转中实践着大学生农创客的敢想敢拼敢干，不畏艰难、不惧艰辛的创业精神。

在此期间，李尚、徐银兰从农业种植入手，带领基地核心种植团队学习实践蔬菜种植与管理，与浙江省农业科学院、绍兴市农业科学研究院的研究团队合作并通过各地参加农博会、展博会的方式，试种优秀种子，如越浦1号、浙浦、浙樱粉，择优在当地农户间推广，推动了农户的亩产增收10％以上。并通过采购优质嫁接苗等方式，有效防止土传病害，如青枯病、根腐病、枯萎病、番茄花叶病毒和叶霉病。此外还显著提高茄果类蔬菜的抗病抗逆能力，有效提高蔬菜品质和产量。同时，采用高抗根结线虫病的砧木替换番茄根系，可以使番茄植株不用直接接触到土壤，从而达到预防根结线虫病的目的。并推动合作社农户使用嫁接苗技术，有效地提升了合作社农户和周边农户的茄果类蔬菜的品质和抗病能力，为农户亩产增收保驾护航。

通过几年的努力，两位新农人的蔬菜基地种植面积100余亩，为市级菜篮子基地，通过搭建钢管大棚，引进先进的喷滴灌设施、高效的栽培新技术，应用物理防治及高效低毒生物农药，严格按照无公害农产品的标准要求组织生产，为基地的新鲜农产品的市场占有率和品质口碑打下了坚实的基础。

农业创新：多渠道探索基地蔬菜销售模式

作为新农人，蔬菜不光是要种得好，还要卖得好，周边的基地和农户时不时会面临蔬菜产能过剩，蔬菜田间滞销的问题。为了拓宽农民的销售渠道，发展拓宽更多的销售模式，李尚、徐银兰于 2014 年在市蔬菜站和镇农办的鼓励指导下，成立了绍兴市素尚家庭农场有限公司（后更名为浙江素尚农业有限公司）。他们凭着自己所学的知识以及所积累的经验，拉动周边种植农户进行种植模式的改进以及提升。目前农场帮助周边农户等安装先进的喷滴灌技术、筛选适宜的育种育苗模式、选用低毒高效的物理防虫模式、选取高效种植模式，为素尚农场及周边农户的种植带来了良好的效益，降低了种植户科技种养的门槛和成本。农场于 2019 年通过无公害土地以及产品认证。并运用无公害的种植要求和标准带动农户生产销售，提升田间蔬菜的整体品质及安全性。

农场不仅根植于土地种植，积极发展土地种养效应，而且利用互联网的发展，积极拓宽销售模式以及市场营销影响，实行“农超结合模式”“基地—B 端食堂”“基地—互联网电商平台”“农场采摘”“提供无公害的农产品种植方式”，打造特色蔬菜种植基地等模式，不断提升蔬菜种植的造血功能，促进一二三产业融合发展。

打造现代农业供应链，合作共赢助力乡村振兴

生鲜农产品配送，一头连着生产、一头连着消费，有着广阔的市场前景。素尚农业通过引进成熟完善的现代供应链体系，实施从“基地到餐桌”的食品安全全过程监管，打通农产品流通“最先一千米”和“最后一千米”，托起了乡村振兴致富梦。

疫情防控期间，素尚农业坚定信心，共克时艰，全力保障农产品的供应与配送，获得媒体的多次报道与合作方的褒奖。

2021 年，创始人李尚担任越城区农创客联合会副会长，致力于将新农人创业的经验向更多人分享，服务大众，回报社会。创始人李尚、徐银兰获得“供销合作社行业农业职业高级经理人”。2021 年以来，在国家大力提倡各行各业“互联网 +”背景下，素尚农业积极探索现代农业商业模式创新；与多家知名电商平台，以及越牛网、橙心优选、

美莱网等互联网企业或品牌开展合作，加强与大众的关联，拓展销售的渠道方式。

2022 年创始人徐银兰成为绍兴市农村青年创业联合会会员，抱团联发展，青春助共富。2023 年创始人徐银兰入读浙江大学管理学院 2023 级硕士研究生，入选创业管理方向，为走向更科学完善化的发展注入更多力量。农产品食材配送项目入驻浙江大学“商学 +”项目。

2023 年年底，素尚农业新建高标准的食材配送中心落成并投入使用。新配送中心位于洋江东路 25 号，占地 5 265 余平方米，设有 2 102.23 立方米的冷库、1 000 多平方米的仓储平台。严格按照绿色农产品的标准要求组织开展工作，应用先进技术，引进先进设施，新配送中心配备的现代化设施包括：恒温车间、农产品精深加工车间、高标准农产品检测室、生鲜农产品食材配送全自动分拣传输带等。

李尚和徐银兰将“助力农民增收、促进农村发展”视为自己的使命，与客户深度合作，推动农产品的展销，并积极与省、市、区农创客平台合作。展望未来，素尚农业将继续秉持初心，为传统种植业的发展、改革和产业转型升级探索出重要的创新之路。

第三节

袁月——传承创新促共富，以“茶”聚乡村振兴之力

见到袁月，并不容易。一大早，她先是召集公司团队成员开会，讨论如何扩大茶产业的影响力和品牌营销力，紧接着来到茶叶基地，实地查看茶园长势与茶芽萌动情况，又接待了两拨北京来的采购

商……“公司起步阶段，大家跟着我一起努力，不忙活不行啊！”袁月快人快语。

这里是新昌县奕茗茶业有限公司，袁月是公司总经理。“茶叶，做了十几年了，有感情了。”袁月这么形容自己。

传承

袁月从中国政法大学毕业后，先后去宁波、上海等大企业从事法务工作，2014 年应家人召唤，返回到家乡——浙江省新昌县，2014 年底袁月投身农业大军，加入家人创办的浙江省新昌县澄潭茶厂，担任澄潭茶厂总经理职务，与家里人并肩战斗在“茶战场”，从此便日日与茶相伴。“做茶是开心的，做茶人是幸福的。”袁月如是说。

澄潭茶厂自 1998 年创建以来，已有 20 余年的历史，从无到有、从有到优，目前已发展成为一家从事集茶叶基地种植、生产、加工、科研、出口以及内销的多元化、跨地域发展于一体的省级重点农业龙头企业，是新昌县茶产业发展过程中崛起的佼佼者。对于企业家来说，打江山易，守江山难，传承更难。“创一代”们艰苦拼搏、诚信立业，打下了良好的基础，他们逐渐年迈，二代企业家接过接力棒，对实体经济的坚守，能否得到传承？

“我们经常被叫作‘茶二代’，‘茶二代’其实被赋予了更多的使命。在传承方面，我们坚守主业，无论是之前外销大宗茶，还是现在发展国内名优茶，我们始终坚持用心做好茶品质。”为了与茶农共同发展和提升，袁月牵头组织承办省、市、县各项茶产业相关的技能培训，邀请行业内顶尖的专家前来授课，将技艺传授给深耕在茶行业中的同行，学员们通过学习与交流，促进了茶产业的发展，成为助推乡村振兴的“软实力”。近年来，先后组织承办各种培训30余场，培训人数1 000余人次。

“新昌县是农业农村部首批命名的‘中国名茶之乡’，茶叶资源丰富，产茶历史悠久，茶文化包括茶的礼仪、风俗、茶法、茶规、茶技、茶艺、历史典故、民间传说以及文学艺术、辞曲歌赋。”袁月说。自2015年澄潭茶厂由国外市场逐渐转向进入国内市场后，袁月便注重新昌县茶文化的推广工作。袁月在企业内部倡导“人人爱茶、人人喝茶”，在袁月的带动下，无论是财务部门的员工，还是车间部门的员工，大家都将茶作为生产生活中必不可少的一部分。袁月还组织发起茶文化进企业、进机关、进学校、进家庭“四进”活动。并打造了“童心茶会”茶文化推广品牌，成为新昌县多所中小学的实践教育基地。

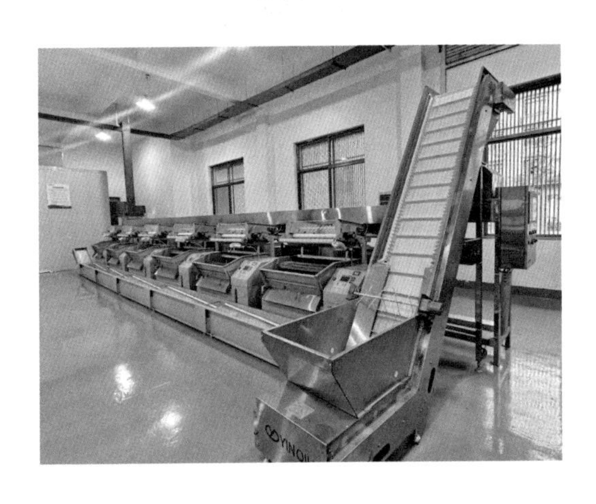

此外，袁月开展了“寻茶之旅”等各类公益茶文化推广活动。活动中，人们穿梭于茶山之间，亲手采摘嫩绿的茶叶，并将其汇集到了炒茶锅里，一起体验了“杀青、揉捻、理条、干燥”炒茶的过程，感受着茶农的辛勤与智慧；聆听茶艺大师的讲解，品味新昌县茶的隽永韵味，感受茶文化的独特魅力；还能了解与茶相关的诗文，通过学唱茶俗童谣、演绎情景剧等方式，加深了人们对茶叶和茶文化的认知与了解。活动现场还吸引了许多群众驻足欣赏。

创新

创新是引领发展的第一动力，是一个企业不断兴旺发展的不竭动力。在技术开发、设备研发、数字改革等方面袁月大胆尝试创新，进一步提升新昌县茶产业的市场影响力，积极促进茶产业高端化、智能化发展。

一是设备研发。传统茶产业劳动力投入成本比较高，为了有效解决这个问题，2015 年底，袁月团队提出了“机器换人”的思路，组织实施了“茶叶全自动包装流水线的提升与改造”项目，即对适用于茶叶生产的自动化包装设备进行研发改造，使传统手工产品实现全自动化生产，原先完成 1 个集装箱的产品需要 15 名员工生产近 1 个月，机器研发成功后只需要 4 名员工用 7 天时间便能完成。在产能提高的同时，产品品质也得到了极大的提升。

二是技术开发。2016—2017 年，与中国农业科学院茶叶研究所肖强团队合作开展“卷曲型绿茶连续化加工工艺技术研究”项目。袁月与项目团队反复试验，总结出了一套“卷曲形绿茶连续化生产线生产技术规程”，用以指导生产线生产过程中的操作、运行和“天姥云雾”类卷曲型绿茶产品的加工，获得了良好成效。目前，这套卷曲形绿茶连续化加工设备已经实现了日产 1 000 千克干茶的产能，所需员工仅 3 人。2019—2021 年，与新昌县农业农村局茶叶专家团队合作开展“新式红茶产品开发与试制”项目。三年时间，上百次的试验攻关，最终攻克技术上的难关，总结出“花香红茶生产加工技术规程”“冷泡红茶加工技术规程”“奶茶红茶加工技术规程”。“虽一波三折，但看到试验成果落地，心里十分欣慰。”袁月说。随后，通过技术培训向全县近 60 名茶叶生产经营主体推广了这些技术，推动了新昌县红茶产业生产发展。

这些创新都让澄潭茶厂有了让人耳目一新的变化，从中可管窥传统产业转型升级的新变。

共富

2022 年，浙江省被列为全国共同富裕示范省，新昌县被列为缩小收入差距示范县，全县上下掀起共同富裕热潮，借此东风，袁月一心想融入这一队伍，于 2023 年 5 月辞去澄潭茶厂总经理职务，凭借之前的工作经验，开启了她的创业共富之旅，成功入驻镜岭创业园，成立新昌奕茗茶业有限公司，担任奕茗茶业有限公司总经理。

公司成立后，袁月一直坚持以科技创新带领当地农民共同富裕为目标。目前，已成功投产全自动龙井生产线，实现龙井茶全自动数字化生产，使原有茶农粗放型加工向集约型加工转变，基本实现了茶叶的现代化、数字化和规模化生产。

“授人以鱼不如授人以渔”，袁月团队依托“共富工坊”，联合在镜岭镇创业的青年群体，创设“乡创大讲堂”。“乡创大讲堂”将培训课程与当地产业需求精准对接，采取“现场课堂教学＋实践操作演练”相结合，外部引进专业师资力量，内部挖掘非遗大师、乡村工匠、新乡贤等资源，通过面对面授课、手把手传技，提升群众技能，推动区域农业产业发展。通过在镜岭镇的试点经验，下一步将围绕县域范围内的主要农业产业开展一系列培训与推广。

在茶树种植与生产加工方面，袁月更是忧茶农所忧、急茶农所急。与浙江省农业科学院、中国农业科学院茶叶研究所等多家单位建立合作，邀请中国农业科学院茶叶研究所、浙江大学、杭州茶叶研究院等单位的专家及“土专家”“田秀才”到现场为学员“传经送宝”，相互交流。截至目前，袁月在茶园绿色防控、龙井茶加工工艺技术及新型红茶开发与推广方面开展了多场宣传培训活动，涉及农户及茶叶爱好

者 500 余人次，获得茶农的一致好评。在茶叶销售方面，袁月努力开拓电商推广业务，免费帮扶，为带动农户销售拓展新渠道。“通过公司的培训，学到了很多实用技能，可以运用到今后的茶叶生产、加工及销售环节，让更多人了解新昌茶，爱上新昌茶，同时带动更多的茶农增产增收。”学员们纷纷为袁月点赞。

绍兴市首批领军人才、新昌县领军人才、新昌县五星级人才、新昌县争先创优先进个人……这些年，袁月获得的荣誉不少。“金杯银杯不如村民的口碑，村民的信任是我的最大动力。”谈到规划，袁月干劲十足：“未来，公司将做好技术引领、产品引领和市场引领等各方面的工作，通过培训、技术推广、合作交流等方式，一方面将自身的技艺无保留地传授给农民，另一方面将县内的好资源集聚起来，通过专业化分工合作模式，继续拓宽致富的路子，让大伙儿的腰包越来越鼓，村子越来越美，为新昌县人民的共同富裕添砖加瓦。”

梁如洁——茶农联动勤创业，共创共富展光彩

在 2023 年 8 月的全省个体经济高质量发展大会上，新昌县的“茶二代”梁如洁（新昌县七星街道亲亲子叶茶行经营者），被授予“最美浙江人·最美个体劳动者”荣誉。

说起梁如洁，新昌县七星街道亲亲子叶茶行掌柜，新昌县洛克农业专业合作社社长。新昌

人都知道她是一位大学生自主创业的楷模，是新昌县“茶二代”的佼佼者，是一位锲而不舍的新昌茶人。15 年来，她为了一句承诺：“带领茶农走致富之路，服务‘三农’展光彩人生”，孜孜不倦地追求着她的奋斗人生！

15 年的自主创业，让梁如洁荣获众多荣誉，曾获得全国先进个体工商户（2012 年、2016 年连续两届）、浙江省青年致富带头人、浙江省名特优新中“知名类”个体工商户，首届浙江省个体劳动者创业之星金奖、浙江省先进个体工商户、绍兴市模范共产党员经营户、绍兴市十佳创业新星、绍兴市十佳农业科技人才、新昌县四星级人才等荣誉；她指导的大学生共富队荣获全国大学生创业比赛一等奖；带领团队参赛的乡旅创业项目获得绍兴市二等奖、新昌县一等奖；她也被聘任为绍兴市大学生创业导师、绍兴市青联委员、绍兴市大学生农创客联合会理事单位、新昌县新联会和网联会成员。

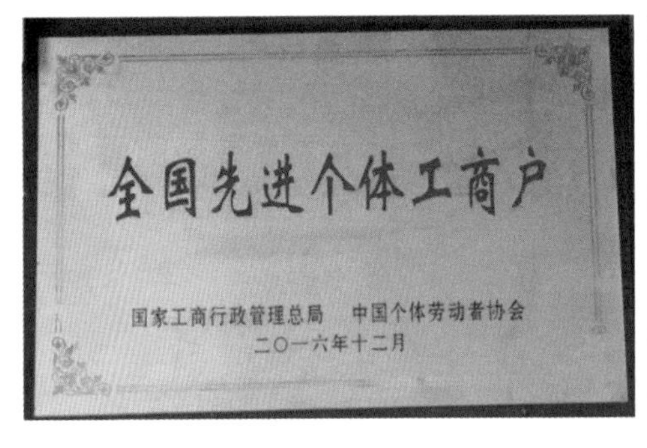

追求理想，做一个敢吃“螃蟹”的人

梁如洁，女，1985 年出生，2004 年考入绍兴文理学院法学专业，她在读大学期间表现就非常优秀，高中入党后，大学期间就担任学院党支部书记。2006年暑假，通过收集新昌中学考上北大、清华等名校学生的课堂笔记，将销售所得1万多元和优秀笔记都捐助了绍兴一中、稽山中学等12名贫困学生，被中央电视台、浙江电视台、钱江晚报、台湾大学报等多家媒体和网络报道。毕业后，被一家拟上市公司聘用，不到一年时间就被提拔为董事长助理、总裁办副主任兼人力资源部经理等职务，有着一份别人羡慕的工作。

“你是一位优秀的女大学生，也有着光明前途和稳定收入的工作，在当时都是别人羡慕不已的，可你为什么会选择自主创业这条艰苦的路呢?”这是众人问梁如洁最多的一个问题。

梁如洁笑呵呵地说：“我选择这条路，也并非一时冲动。”在亲亲子叶茶行，梁如洁一边请我们品茶，一边徐徐道来。2007年，她在大学撰写毕业论文《新昌大佛龙井知识产权保护——暨证明商标的实证分析》，在导师黄华均教授的指导下，深入田间茶园，调研新昌县大佛龙井的商标保护情况，让她对茶区的茶农有了更深刻的了解。她抿了一口茶，继续告诉我们：“大佛龙井是新昌县茶农的主要收入来源，但茶农很辛苦，起早贪黑，白天在茶园里采摘一整天，晚饭后立刻炒制茶叶，炒完茶叶睡两三个小时到凌晨两三点钟，就要赶到镇上甚至是几十千米外的县城中国茶市卖茶。卖完茶叶，刚好天亮，茶农就又赶回茶园继续采摘茶叶，如此循环往复，其艰苦疲惫程度可想而知。茶农一整年的收入基本集中在春茶的50天，遇上好的天气，能有一个好的收成，但如果碰上倒春寒，茶农们就损失惨重。”

茶农的辛苦劳作，在梁如洁心中始终有一份牵挂。大佛龙井是新昌茶农的“摇钱树”，也是新昌县的一张“金名片”，而我是一名大学

生，也是一名共产党员，是不是能够为茶农和家乡茶叶产业奉献自己的一份力量？这个理想，一直在梁如洁的脑海呈现！梁如洁一脸自信地说："经过反复思考与抉择，我毅然辞职，决定做一个敢吃'螃蟹'的人，也毅然选择了将茶叶作为自己创业的方向，在这条路上开始了创业创新，服务茶农，奉献茶农的征程。"

勇于创新，用"诚信"开辟创业路

2009年，"淘宝店"还是一个新事物，老茶人都认为消费者不会相信网店，茶叶卖不出去的！可梁如洁却觉得，她没有像老茶人那样有固定的客户群，"淘宝店"虽然是新生事物，但门槛相对低，她相信，在科技信息飞速发展的时代，网络必将会是一代年轻人创业的好平台！

梁如洁大胆地在淘宝上开设了"亲亲子叶"茶叶店，她直接与家乡的茶农订购茶叶，帮助他们开辟茶叶销售新路。跟大多数小卖家一样，一开始很少有人光顾。梁如洁知道，是新生事物也必然要用心学习，更需要勇于创新才能打开局面。为开辟销路，梁如洁一面日夜加班加强对网络营销等知识的学习；一方面她深入茶区与茶农沟通，和他们一起研发生产市场适销的龙井茶，同时，她勤跑茶市，捕捉市场行情，了解消费群体对茶叶的喜好和偏好。经过一段时间艰苦卓绝的努力，因为"亲亲子叶"茶叶店的龙井茶货真价实获得了顾客高度认可，她的网店销售业绩提高很快。

在经营中，她坚持以"超过顾客期待"为服务理念，保证顾客购物方便、实惠、贴心，充满愉悦感。售后环节上，凡她的店销售的茶叶，有任何品质或者口味上的不适，承诺32天无条件退换货，并承担来回邮费，全面解除顾客网络购物的后顾之忧。"亲亲子叶"茶叶店用诚信赢得了客户的高度信任，大佛龙井茶通过梁如洁的小店，销售到了全国各地，实现了农产品茶叶从茶园到茶杯的完美对接。

在梁如洁不懈努力下，亲亲子叶茶行取得了可喜的成绩。她抓住机遇，在中国茶市购买商铺，开设了“来共点茶业”实体店铺，发展成为以电子商务和实体批发零售兼营的销售模式。同时，她吸纳优秀大学生加盟，店铺由起初的 1 个人发展成为 3 名全职、10 名兼职人员的创业团队。高学历和公司化的操作改变了茶农文化低、缺乏管理的困境，网络化虚拟交易市场的开拓更弥补了茶农单一的销售方式。

梁如洁的勇于创新和她对这份事业的坚持，成功的开辟了创业路，不但她的店铺得到了快速发展，与她对接订购的茶农依靠亲亲子叶茶行，收入也得到很大的增加。

注重品牌，联合创业拓展市场

“茶品代表人品，品牌不仅意味着茶叶的好坏，更代表着公司的经营信誉、质量承诺。”这是梁如洁始终秉承的经营理念。在大学，梁如洁读的是法学专业，她深知知识产权和品牌的重要性。生意做大后，梁如洁非常注重店铺品牌信誉，她说：“宁可自己吃亏，也不让客户和茶农有任何损失。”

为了更好打响自己的品牌，梁如洁自行设计“亲亲子叶”水叶太极图商标，寓意“亲你、亲我、亲自然”，倡导茶叶遵循自然、绿色、健康的理念，并向国家商标总局申请注册。在成功注册“亲亲子叶”文字和图形商标后，又推出“来共点”高档禅茶品牌。

有了自己的品牌，店铺生意也走上了正轨。梁如洁又有了新思路，抱团出击，抵御市场风险。她创建成立了洛克农业专业合作社，力推“茶农 + 基地 + 渠道”的新颖模式，在镜岭镇、回山镇、小将镇等高山茶优质产区，联合茶园 1 000 亩，与茶农签订了定点收购协议，辐射受益茶农 2 000 人以上，帮茶农增收 20 % 以上。“茶农 + 基地 + 渠道”的新模式，既保障了店铺茶叶质量，又解决了茶农销售难的实际困难，并将公司的利益和茶农的利益捆绑在一起，同时，她整合在电子商务平台销售大佛龙井的其他人，建立大佛龙井产业联盟，将做茶的电商人整合成一个互相沟通、互相学习，分享资源，降低风险的年轻销售团队，这个团队进一步完善和加强了大佛龙井茶叶的销售渠道，为打响大佛龙井品牌，为家乡的茶叶香飘四海而作出了卓有成效的努力。

15 年的自主创业，梁如洁一直努力将家乡的茶叶分享到全国各地的同时，也真挚邀请全国的茶友们来新昌县旅游，因为她一直说：“只有将城里人吸引到农村来游玩，消费，生活，才能给农村带来流量和收益。”梁如洁一方面积极鼓励社员参加茶艺、插花、民宿管理等培训，提高游客的接待能力和服务水平。另一方面积极联系旅行社和学校，吸引他们到农村来开展各种研学游活动，丰富农村的业态。

15 年的自主创业，梁如洁获得了成功，但她并不满足于现状，她清楚：在乡村振兴的快速发展中，最缺的就是年轻人的参与，而大学生的盲目创业往往失败率比较高。梁如洁联合绍兴文理学院商学院、越秀外国语学院商学院、绍兴职业技术专业学校等大学，开展校内创业和校外优秀校友联合创业；带领着大学生们，以农业抖音短视频作为切入点，优秀校友联盟组织供应链，承担仓储、资金、商务洽谈等，大学生们根据供应链进行自主销售，并对他们时时沟通，时时指导，让他们更真实地走进农村进行抱团创业体验，迈出大学创业的第一步，以便毕业后更顺利地进入社会创业，也为大学生回归农村创业打了基础。

梁如洁，作为新时代的大学毕业生，作为一名共产党员，在自主创业的路上，困难没有让她退缩，成功没有让她骄傲，荣誉也没有让她停止脚步。她在成为两个孩子的母亲之后，仍然不断地“不待扬鞭自奋蹄”，她参加农业农村部首批“头雁”班学习，进入浙江大学、北京大学阶段性进修学习，碎片化时间在管理智慧、樊登读书会等 APP 中吸收新知识，不断提升自己的管理和营销能力。

梁如洁，将激情与理性并存，将梦想与实践相融，将人生价值实现与奉献茶农同行。用实际行动，引领着家乡茶农的共同创新致富；用实际行动，践行着一名共产党员自主创业的模范作用；用实际行动，兑现着对家庭、朋友和社会的责任承诺。

盛文斌——退伍不褪色，用一片叶子富裕八方百姓

如果说“一代”是草莽江湖里拼出的“英雄”，那么“二代”，在走什么样的路呢？当出离了那些被外界赋予的意义，“二代”不能简单地归为继承家族产业，更是一种对产业的改革与提升，“茶二代”更是如此。

盛文斌，1987 年出生于新昌县回山镇新市场村宅后王村，是地地道道的“茶二代”。3 岁那年，他便跟随长辈们在茶山行走，小小的个头不时踮起脚、努力模仿着大人们的样子劳作。五岁时，他开始学采茶，一捻、一掰，要花好大力气才能把茶叶摘下来，一张小脸常常憋得通红，要强的盛文斌每天都要求自己完成给自己制定的当天采摘目标。就这样，童年的时光大都流淌在茶园间。六年级时，盛文斌已经可以自己手工制茶、卖茶了。这也为他后来的事业埋下了伏笔。

退伍返乡，从事茶苗产业

2006年，19岁的盛文斌响应祖国号召应征入伍。部队五年，他先后获得优秀士兵、两枚个人三等功等多项荣誉，在这期间也成为共产党员，部队培养了他坚韧不拔、刻苦钻研的可贵品质。2011年12月他选择退役返乡，因从小受到茶乡茶业的熏陶，父亲又是当地繁育良种茶苗的带头人，当他了解到发展良种茶苗不但能使茶农致富，推动新昌县茶业的健康发展，近年来，我国西南部正在大力发展茶叶生产，从而还能服务于全国各地茶产业实现精准扶贫。因此他毅然放弃了城市工作，立志返乡创业，并于2011年年底正式走上了茶树良种繁育与营销事业。

创新技术，坚持高品质发展

理想很丰满，现实很骨感。刚接触良种茶苗繁育的盛文斌既不懂业务也欠缺技术，完全是个“门外汉”。他凭着在部队里养成的刻苦钻研精神，勤奋好学，先后跟随父亲、全县的育苗能手学习，积极参加各类茶技研修班，常常往返于育苗实践基地和省城中茶所，不断积累经验。功夫不负有心人。渐渐地，学习能力极强的盛文斌成了既懂理论又有实践经验的行家。他只要到苗圃里看一眼，就能发现问题，辨别茶苗的品种及好坏。

掌握了技术、熟悉了业务之后，自然就发现了问题与短板所在。

盛文斌在不断深入研究后发现，20 世纪 90 年代新昌县良种茶苗发展迅猛，供不应求，但 2005 年后育苗质量开始下降，外地对新昌县茶苗信誉度下降，茶苗也由畅销转滞，茶价更是跌至 5 分钱一株也无人问津，育苗户不仅无利可得还要亏本。到 2010 年全县育苗从 1 亿多株降至不足 5 000 万株，盛文斌究其原因，主要出在茶苗的质量上。为了解决这个问题，盛文斌坚定地认为良种茶苗必须走高标准高质量发展之路，以点带面，从组织合作社入手。

2012 年 5 月，由盛文斌发起的新昌县科农茶树专业合作社正式成立。按照高标准、高质量发展的目标，盛文斌不断引进新品种，统一扦插规格与技术标准，要求社员必须做到品种纯、长势好、无病虫等硬性条件。经过两三年的努力，新昌县的茶苗在外地茶农中普遍反映“长势好、品种纯、成活高、成园快”，从那以后茶苗销势由滞转畅、慕名而来的人越来越多，合作社成员也从 5 户增长到 50 多户，盛文斌本着“适销对路”的原则，合作社已有中茶 111、中茶 125、紫娟等茶苗良种 100 多个，以满足不同茶区所需。

2014 年，盛文斌成为中国茶叶学会的团体会员，与茶科所签订委托育苗协议书，合作社也成为国家茶科所的育苗基地。他带着合作社社员们申报国家等级品种天姥金叶 1 号、天姥金叶 2 号、天姥金叶 3 号；申报发明专利“开沟施肥机”

等6项。在盛文斌的带领下，良种茶苗已成了新昌县茶业中一项重要的产业。

网络助力，创新营销模式

信息技术不断发展，时代车轮滚滚向前。在互联网这个新时代的指引下，盛文斌想利用网络平台，开辟线上营销新模式。可当他告诉父亲一年的推广费用要20多万元时，父亲表示反对。和茶叶打了半辈子交道的父亲认为，种茶、采茶的人都是农民，在网上卖不了茶苗。但盛文斌觉得农产品“触网”是大势所趋，他一定要试试。

后来，盛文斌悉心钻研茶叶网络营销技巧，将新昌县茶苗的信息辐射至全国各地，不少新客户自发前来。在“十三五”期间，合作社繁育的茶苗辐射全国27个省份、405个县，茶苗销售共9亿余株。2012年5月，合作社网络销售额已超过400万元。尝到甜头后，盛文斌乘胜追击，在后面的几年里充分利用视频号、抖音号等新媒体手段不断宣传。在他的网店里，满是各地茶农留下的好评：“茶苗很漂亮，老板服务态度很好”“店主热情耐心，茶苗货真价实”等。儿子的成功，也让最初不同意网络销售的父亲心服口服。

爱心扶贫，关注社会公益事业

致富不忘感恩，多年来盛文斌一直走在慈善公益的路上。他服务于全国茶区产业发展，无偿提供技术指导，茶苗捐赠、茶叶制作等扶持。近年来，他帮扶中西部地区发展茶叶种植面积30多万亩，直接或间接带动浙江省以外贫困地区就业人数超400万人次。还为山东省、山西省等20多个省份免费提

供种植技术、管理和制茶技术的培训。

从2016年起，他每年坚持走访慰问百岁老人，慰问抗战老兵、武警官兵，给学校捐赠物资、设立奖学金。新冠疫情期间多次捐款捐物。2021年4月，盛文斌向新昌技师学院捐助建立茶叶专业实训基地，还作为顾问和院聘指导教师，推荐院校茶艺与茶营销专业校企合作、产教融合，指导学院茶艺与茶营销专业发展。

富民强县，助力乡村振兴

抓住文旅融合契机，助力乡村振兴。盛文斌成立了新昌向天农业科技股份有限公司，并注册了“天姥金叶”“天姥茶院”“天姥茶博园”等商标。他决心走出一条产学研融合发展之路，创办研究所、茶博园、创业培训基地等。

近日，盛文斌按照新昌县委县政府的部署，结合浙江省级乡村振兴产业示范县重大项目，落地东茗乡金山村，全身心投入茶产业数字化建设中，历时两个月，制定完成了《大佛龙井育苗环节数字化示范项目建设方案》，并被纳入省级试点项目，项目建成后，育苗将实现低成本、高效率、快速度、递增式发展，有效提高茶产业的发展质量和综合效益。

乡村振兴，带民致富。创业13年来，盛文斌用自己的实际行动向社会展示了一名退役军人不怕苦不怕难的优秀品质，他不仅自己创业致富，还带领乡亲们致富，为新昌县茶苗产业发展作出了巨大的贡献。盛文斌突出的成绩获得了社会的一致好评。

近年来，盛文斌先后荣获了“百县·百茶·百人”茶产业助力脱贫攻坚先进个人、乡村振兴先进个人、杭州亚运会火炬手、浙江省最美退役军人、浙江青年创业奖、浙江工匠、全国退役军人创业光荣榜、全国向上向善好青年、全国新时代百姓学习之星等多项荣誉。2021 年盛文斌带领团队在第七届中国国际互联网 + 大学生创业创新大赛总决赛荣获全国金奖，盛文斌认为自己能取得现在的成就，要归功于党的教育、部队的培养、政府的支持和社员的共同努力。今后将加倍努力，团结广大社员与全县同人，让新昌县茶苗产业不断健康发展，走向世界。

第六节

俞坚军——“80 后”匠人的劲竹精神

他，出生在浙江省新昌县一个偏僻的小山村，是土生土长的竹农后代。因受父亲的影响，从小怀有军装梦，从未想过要走经商之路。在 22 岁那年大学毕业后实现了他的军装梦，参军入党，但因种种原因，未在部队留下，无奈地选择了退伍，成了一名青年农创客。

在2010年，也就是30岁，而立之年，俞坚军在朋友的建议和妻子的鼓励下，和朋友一起开始踏上有关竹子的创业之路，开始了真正的白手起家。没想到，现实创业路中，调研不足，加上两人因种种原因的不合拍，火速分道扬镳。他不气馁，还是想就地重新开始，随后亲戚也觉得该竹制品行业有前途，愿意加入其中。结果遇到市场低迷时期，收益效果不理想，亲戚只考虑短期利益，不愿再合作，又一次的选择退出。两次打击对他而言，不但有经济上的，还有心理上的，人快到崩溃的边缘，对人性的考验也看得更加透彻。再三考虑后，决定独自创业，在自己的家乡小将镇大霞村石研坑自然村创办竹制品加工厂和公司，开始基建，盖厂房，增设备。在父母的帮助下，全家人齐心协力，竹制品公司做得风生水起。但伴随着规模扩大而来的，是越来越多的后来者与模仿者的竞争。加之竹本身难以防霉防蛀虫和惧怕暴晒而无法制作大件家具的劣势，本就不大的市场很快就饱和了。再加上技术工难招，厂子又在农村，人工费用逐年增加，利润越来越微薄，考虑到不是长久之计，是时候要转行了。

回首过往，从最开始的办竹制品厂，做竹子延伸产品的出口贸易，

七年之路，如同婚姻七年之痒，没有盆满钵满，更多的是一地鸡毛。期间，遭遇亲朋的嘲讽，朋友的背叛，金钱的损失，负债累累，人生跌入谷底。如何绝地反击？曾一度陷入迷茫。今天，我们介绍的就是来自新昌县剡兴酒业有限公司的总经理俞坚军先生，看他如何逆袭翻盘。

都说车到山前必有路，船到桥头自然直。一次偶然的机会，俞坚军到浙江农林大学参加一次竹产业带头人培训。当他在和教授交流如何才能为竹林增收时，那位教授突然问他："你对酒感不感兴趣？"在俞坚军茫然地表示自己喜欢喝酒后，教授却摇了摇头："我说的是在竹里养酒。"一直以来与竹打交道，靠竹谋生的俞坚军听到了这从未想到过的主意，一下子来了兴趣。

经过了一段时间的外出学习和准备，俞坚军培育酿造的"越飞天竹筒酒"开始不断地参展、比赛与推广，荣膺了多个奖项的同时热卖到脱销。

第一次实现了止损，也开始了逐步盈利之路。他用聪明才智把一棵棵无人问津的竹子变成了村民们的"摇钱树"，用辛勤的耕耘为自己的人生留下了不平凡的注脚。人生哪有一帆风顺，虽然竹酒畅销，但因为酒的容器是竹子，容易挥发，不易长期保存，需冷冻保存，是属于时鲜品类。再者竹酒在竹山上管理难度加大，随着名气越大，损失也不小。俞坚军认为，这还不是长久之计，竹酒只能当作他创业的一个“噱头”，还是需要深度改行！经过对新昌县本地市场的调研及向有关部门的咨询得知，新昌县本地有生产资质的酒企业并不多，但老百姓自烧自酿的以及无证小作坊型已经很普遍，而且没有生产标准、技术、工艺流程等，纯属各家自娱自乐。俞坚军闻到了创业商机，想把一些不规范的、有意向的小酒企整合，组建一家规范的、标准化的酒企业，同时他把这个想法向相关部门及领导进行了畅谈和汇报，得到领导的建议和指导后，他决定大干一场。经过他一段时间的努力后，同时在机缘巧合下由新昌县供销社牵头，成立了“新昌果子烧产业农合联”同时又整合了新昌县另外两家有生产资质的酒厂，在 2020 年共同出资组建成立了新昌县首家标准化，现代化及科技化的水果蒸馏酒生产企业“新昌县剡兴酒业有限公司”，主打“新昌果子烧”公用品牌和“十九峰”自主品牌。自此，他真正意义上的创业之路又重新开始起航！这次有了酒厂同行的加盟，和新昌县供销社的鼎力支持，信心更足，蓝图更大了！

新昌县剡兴酒业有限公司是一家股份制企业。公司坐落于新昌中小微科技企业创业园，公司面积 3 000 多平方米，是一家集果酒研发、生产、销售于一体的现代化果酒企业。年生产能力 500 多吨，现存酒量已达到 250 吨。主要产品有水果蒸馏酒、水果发酵酒、水果露酒，全部采用葡萄、蓝莓、杨梅、猕猴桃、水蜜桃等优质水果为原料，结合传统工艺与现代科技精心酿制而成，具有独特的水果香味，风味醇厚、入口净爽。是目前绍兴市规模最大、最具现代化、标准化、科技化的一家水果蒸馏酒酒厂，还整合了果农代加工、商贸公司贴牌等。

好事多磨。2020 年剡兴酒业刚成立不久时，疫情开始了，而且持续了整整 3 年，可谓是没有“人祸”也有天灾。创业之路极其艰难，好比是唐僧取经，九九八十一难。没关系，在俞坚军眼里看来，所有的磨难都是命运的安排，天将降大任于斯人也，必先苦其心志，劳其筋骨！总不能坐以待毙吧？怎么办？开始全国各地大量收购水果（主要是以葡萄、杨梅、猕猴桃、蓝莓、橘子、黄桃、西瓜为主）做蒸馏酒，再加上酒原本需要个储存期，原酒储存得好，原酒的质量口感等各方面相对有优势，将来对酒的销售能加分许多。三年里，就安心地收果、发酵、蒸馏、酿酒、储存、设计包装等，做前期酝酿工作。这三年也参加了一些比赛，取得了一定的成绩。2020 年的“蒸馏酒研发生产”项目荣获绍兴市首届退役军人创业创新大赛现代农业栏目组一等奖；2021 年的“水果蒸馏酒创新”荣获新昌县农业农村局创业创新大赛二等奖；2021 年，公司研发的 52 度“十九峰”牌五果烧被评为浙江网上农博会优质产品金奖；2021 年的“水果蒸馏酒研发生产”荣获绍兴市“东盛杯”退役军人创业创新大赛三等奖；2023 年的“一滴佳酿　酿出一方共富路”项目荣获了第十四届绍兴市大学生创业创新大赛共富组的三等奖；在 2023 年度新昌县双拥模范选树活动中，被评为最美军创企业……

在收购水果，酿出好酒的同时，俞坚军真正意义上做到了同创业，共奔富！具体做到了以下几点：第一，原料共富，公司兜底收购农户水果，减轻水果损耗，减负果农压力，增加果农们的收入；第二，产品共富，公司自主产品加农商联营产品相结合，按公司净利润的 20 % 分配，实现在种植上增收，产品共销推广上盈利。目前已让利给两个贫困村镇 40 多万元的共富资金；第三，技术共富，每年组织一次对有关水果蒸馏酒酿酒技术的培训，掌握有关酿酒技术知识，让他们少走弯路，增加酿酒出酒率，从而增加收入。自 2020 年起，协同新昌县农业农村局共同培训 150 余人。

剡兴酒业采用水果等为制酒原料，对社会还有深远的意义和影响。第一，替代粮食酿酒，确保粮食安全。粮食安全是国家战略，中国人要把饭碗牢牢掌握在自己的手中。通过公司研究及推广应用，扩大非粮酒品的市场占有率，可实现节约粮食与满足人民饮酒需求的平衡。第二，利用水果资源，增加果农收入。葡萄、猕猴桃、蓝莓、杨梅、水蜜桃、西瓜、苹果等水果已达饱和状态，每年滞销、价格低等状况严重，通过收购，可以有效利用被浪费的水果资源，增加果农收入，为全面建成小康社会添砖加瓦。第三，社会效益显著，增加各方就业。自公司成立后，已对接帮扶对象扩大到 8 个省份，水果收购总量已达 1 500 吨，直接助力农户增收 500 多万元。单以葡萄为例，年收购葡萄 500 吨，以收购价格每吨 2 600 元计算，可增加果农收入 130 万元。同时，公司设立共享酒坊，为当地及周边县市的水果种植大户和村级单位，微利润加工滞销水果 100 多吨，在减少果农直接经济损失的同时，还增加收入 200 多万元。

目前国内水果蒸馏酒市场日渐扩大，有足够的市场容量。加上水果蒸馏酒有自己独特的特色，既有一定的市场喜好基础，又有独创的优势，比较符合年轻人追求时尚、求新求鲜的趋势，市场前景十分广阔。剡兴酒业多次受到各媒体的报道，在酿酒的这条道路上，俞坚军所带领的企业越走越顺，他整合本地一些小酒厂，成立了新昌果子烧农合联，他是该会秘书长，成立的目的不仅给广大的老百姓能带来一条致富道路，更是要兴旺这个水果蒸馏酒的行业，要把“新昌果子烧”这个公用品牌打响，走出一条符合新昌县特色、特产之路，同时更要为新昌县正在打造的全域旅游规划添砖加瓦。我们也希望剡兴酒业日后能在食品界、白酒界、饮料界有更大的发展前景，带领更多的人走向富裕的道路，让更多的人品尝到纯正的“新昌果子烧”。

第四章

农旅文创篇

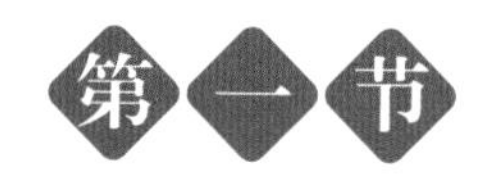

吴玉梅——十年蝶变，筑梦家乡，誓做茶文化传播的“领头羊”

吴玉梅，新昌县曼茶居茶业有限公司董事长、国家一级茶艺高级技师、二级评茶师、国家高级考评员、裁判员、全国职业技能鉴定质量督导员、中国茶叶学会专业技能水平评价员。先后被授予全国技术能手、浙江杰出青年工匠、绍兴市名士之乡拔尖人才、绍兴市突出贡献高技能人才、绍兴市领军人才等称号。

2021年浙江工匠名单出炉，吴玉梅作为最年轻的入选者吸引了大家的关注。瓜子小脸、纤瘦身材，一袭飘逸的中式衣衫，说起话来糯糯软软，说起她的故事，处处洋溢着茶香。

与茶结缘，返乡传承家乡文化

吴玉梅的老家在新昌县小将镇，那里盛产好茶，茶业是大家最信赖的致富产业，村子里几乎人人种茶、制茶。吴玉梅家里有一大片茶山，父亲是一个地地道道的茶农，炒得一手好茶。但那时她从未想过，自己以后的职业会与茶有关。

吴玉梅小时候的梦想是成为一名优秀的戏曲演员，为了追逐梦想她不顾父母的反对离开了家乡，赴嵊州越剧艺术学校学习。毕业后顺利进入乐清越剧团，作为一名花旦，祝英台、林黛玉都是她擅长的角色，老师们都夸她有天赋，谁知道舞台梦才刚起步，就因为意外中断了。因长时间的浓重油彩，吴玉梅面部皮肤严重过敏，久治不愈。对于一名越剧演员来说，这是致命的打击，吴玉梅只能做出抉择，被迫放弃多年奋斗的戏曲舞台。

被迫转行的吴玉梅，拿着一张中专文凭回到家乡，着实迷茫了。那时的吴玉梅不知道，家门口那片从小喝到大的大佛龙井，会让她收获新的人生。

与茶相恋，匠心钻研成绩斐然

2012 年，吴玉梅回到家乡，开始漫无目的地择业。此时，恰逢新昌县人力资源和社会保障局与浙江广播电视大学新昌学院联合推出首期初级茶艺师培训。电大老师对吴玉梅说：“你的气质适合学这门本事，可以去试试。”于是，吴玉梅报名参加了茶艺班，开始系统学习茶艺知识。

培训班的第一堂课，吴玉梅就被老师妙手翻飞间的自信与优雅深深打动了，原来泡茶可以这么美好，随着对茶的历史、产地、工艺等知识的深入学习，吴玉梅像是踏进了一个全新的世界，每一项都让她着迷，她决心要学好这门茶与艺相结合的技术。吴玉梅学得十分用心，同时因为学过戏曲，动作也格外柔美温婉，深受大家好评。

从茶艺师培训班结业后，吴玉梅去到一家小有名气的茶楼工作学习。因为她的专业知识与认真的工作态度，很快便荣升为店长。在茶馆工作的这段时间里吴玉梅将理论知识转换为实战经验，并与各行各业的茶友交流学习、相互探讨，了解不同人群的饮茶习惯、口感喜好。“同样泡一杯茶，根据原料老嫩程度的不同，工艺的不同，我们的茶水比例、水温、时间等就要调整；同一杯茶，若是给不同性别、不同年龄的客人喝，冲泡技巧也要灵活改变。看茶泡茶、看人泡茶这是需要我们去不断练习并掌握的”。吴玉梅不断学习实践，练就了一手好茶艺，更根据当地特色，推出了别具一格的茶会雅集活动，把书法、根雕、陶艺、茶道融合在一起，该茶馆被评为“浙江省优秀文化实践茶馆”。

2016年，吴玉梅开始登上竞技的舞台。2016年5月，“望海茶杯”第三届浙江省茶艺师职业技能竞赛在宁海县举行，吴玉梅通过层层选拔，代表新昌县参加这次全省的茶艺技能竞赛。吴玉梅第一次参加全省性的竞赛，她在老师的指导下，将她从小打下的戏台艺技和茶艺表演完美地融合在一起。赛场上，吴玉梅唱着家乡越剧缓缓步入赛场，温杯、摇香、冲泡妙手翻飞，用曼妙娴熟的茶艺与柔和婉约的解说，展示“大佛龙井”的特性，惊艳全场，并最终获得第一名。同年9月，她又参加了第三届全国茶艺职业技能竞赛，并以傲人的成绩斩获银奖，是专业比赛中难得的“90后”茶艺新星。

有遗憾，才有完美。谈及这次比赛经历，她感慨道：“备赛的半年时间里，在高密度的学习节奏下，我在各方面都有了极大的提升。”获得银奖让她留有些许遗憾，但也正是这份遗憾，让她未满足现状，始终保持一份好学之心。参赛获奖后，吴玉梅更加虚心学习，到中国农业科学院茶叶研究所、浙江大学等教学科研机构求学，从茶叶种植加工到审评冲泡，再到茶产业经营管理与茶文化创新等课程，吴玉梅不断提高茶技能，并以中茶所第五届茶艺师资班第一名的优秀成绩毕业。

以茶为媒，传承多元素茶文化

2017年年底，吴玉梅在新昌县农业农村局等部门的支持下成立了专业的茶文化培训机构“梅苑”茶工作室。开设习茶课程，把自己的技艺毫不保留地传授给每个学员，并参与农村“双创活动”“茶文化四进活动”，将她积累的茶专业知识送到机关、企业、校园、社区等，让各行各业的工作人员以及在校的学生们都有机会体验到中国传统茶文化。她积极承担新昌县“农村实用人才培训”“茶艺师培训”“评茶员培训”“乡村人才培训”等工作，培养家乡茶专业人才，共同推广家乡茶。“梅苑”

茶工作室自成立以来，在绍兴、上虞、嵊州、嘉兴、丽水等地合作办学开展培训，目前已经培训了茶艺师、评茶学员近 12 000 名。

吴玉梅积极投身茶文化传播工作，自 2017 年至今，先后被聘为浙江省首批乡村振兴实践指导师、浙江开放大学特聘讲师、绍兴市越茶职业技能培训学校特聘茶艺讲师、绍兴市上虞区人杰职业技能培训学校特聘茶艺讲师、嘉兴市尚进职业技能学校特聘茶艺讲师、嵊州市创远职业技能学校特聘茶艺讲师、新昌县澄潭镇中心学校茶艺讲师、浙江广播电视大学新昌学院特聘教师，在全国各地积极参与茶文化的传播。

2020 年，在新昌县农业农村局的指导与支持下，吴玉梅与吴红云、袁月等八人共同发起并成立了新昌县农创客发展联合会，吴玉梅担任副秘书长，多次组织农创客产品市集活动，在农博会、丰收节、夜市等活动和农创优品直播间里，线上线下齐发力，更好地展示、推介家乡农产品，推广新昌县名茶。

吴玉梅用学到的茶专业知识自创自演“天姥茶情”“诗路茗香”“且饮一盏越州茶”“美美与共和而不同”等茶艺表演。近三年来，吴玉梅到全国各地举办的茶博会上参与推介“大佛龙井”品牌宣传活动 20 余次，深受各地茶界的喜爱，也得到各级茶专家的一致好评。

以茶为友，带徒授艺促发展

2021 年，吴玉梅获评浙江工匠，更感责任重大，在传播传承茶文

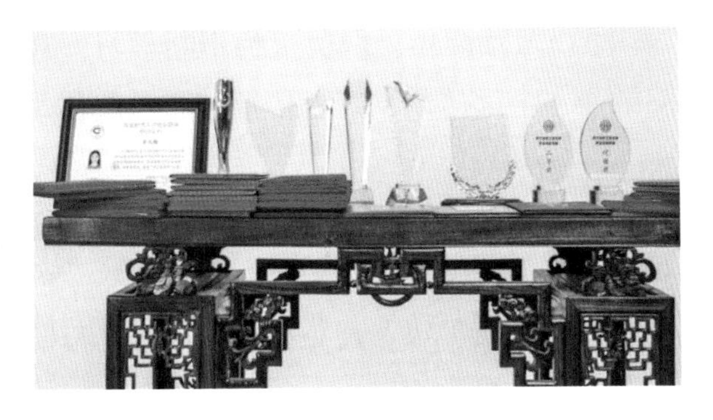

化的同时，也在不断地带徒授艺。带领学员参加市级、省级以及全国的专业茶艺师、评茶员比赛，取得了骄人的成绩，并先后培养了浙江省青年工匠3名、浙江省技术能手2名、浙江省金蓝领1名、绍兴市技术能手5名。

2023年，“吴玉梅茶艺技能大师工作室”被认定为市级技能大师工作室，积极开展以师带徒、技术研修、技术技能创新等工作，与浙江开放大学新昌学院吕美萍老师共同完成浙江省教育厅“能者为师”特色课程录制共20讲；课程《如何品一杯好茶》入选浙江省教育厅官微“教育之江”特色课程；课程《现代调饮茶》荣获浙江省农业农村厅优秀微视频课程二等奖。以第一作者在专业期刊上发表《浅析茶叶的种植和加工技术》和《大佛龙井生产加工和管理技术的调研报告》，参与起草《龙井茶自动化机械加工技术规程》，参编乡村振兴之乡村人才培训教材《天姥茶人》，参与实施县科技项目《玫瑰红茶新产品的试制与示范》《新昌县卷曲型绿茶干燥工艺改良实验》《新昌县白茶新产品试制与示范》等。由她编导创作的农民教育培训情景剧“浙里共富裕”，多次荣登全省大型活动，深受各界好评。

虽已习茶多年，但吴玉梅不断学习，并将戏曲文化融入茶文化中，爱岗敬业、带徒传艺、匠心传承，肩负起传承中华传统文化的光荣使命。

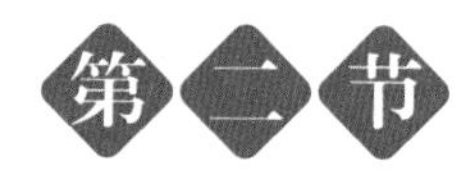

第二节 王勇龙张婷婷夫妇——以花为媒，构筑乡村和美花园

在新昌县城南乡，王勇龙和爱人张婷婷因创办初见花田农场种植花卉而闻名。在杨家山村脚下，50 亩的农场里种有欧月、绣球、大丽花、百合、剑兰、郁金香等各类花卉。

来到初见花田能够看到什么？农场打造了欧月拱门长廊、木绣球花林等一系列适合拍照的场景，吸引更多的游客来花田打卡拍照。一阵阵的玫瑰花香扑鼻而来，玫瑰田里姹紫嫣红，让人赏心悦目。

离开初见花田的时候能够带走什么？除了游客自己采摘的鲜花之外，还有水果玉米、冰激凌西瓜、甘蔗、番薯等农产品特色种植。此外，农场还打造了“甜美产业链”，开发了玫瑰纯露、精油香皂、玫瑰香袋、玫瑰酱等产品，让花田的气息时时围绕着游客。

王勇龙夫妇从农村到城市，又从城市回到农村，作为与花共“舞”的新农人，他们的创业经历充满传奇。

因为爱上一朵花，于是造了一个园

王勇龙，2008 年于绍兴文理学院纺织专业毕业后进入了新昌县一家上市公司从事纺织品国际贸易业务，2017 年他经朋友介绍接触到了花色丰富品种繁多的月季花种类——欧月，并深深地喜欢上了这个品种，

萌生了回乡创业的想法。在了解到家乡花卉市场行情后，便与爱人商量，并得到家人的支持。他们拿出了仅有的 10 万元，与朋友一起合伙成立了新昌县洛克农业专业合作社，开启了种花之路。但好景不长，合作社成立第二年基地就遇到了拆迁，有人问王勇龙是否继续种植？他毫不犹豫脱口而出：当然要干！在走访考察了一些地方后，王勇龙发现城南杨家山村有一个天然的盆地，很适合打造世外桃源，便在此创办初见花田家庭农场。

起初，农场流转了村里农户约 10 亩的土地，全部种上了当年比较火爆的月季品种——欧月。欧月是从欧美、日本等国家引进的各类月季的总称，是这几年来备受花友追捧的月季品种，具有花色丰富、品种多样、香味宜人的特点。众所周知，农业产业相对来讲门槛比较低，但周期比较漫长，如何把效益做起来，王勇龙夫妇不断思索，终于想到了一个好办法：开启消费众筹。所谓的消费众筹就是把 10 亩地的鲜花产出分成 1 000 份的合约，每份以 1 000 元的价格向社会招募会员，会员享有三点权益：一是认筹金额可以来农场进行等额消费，一份合约的客户可以买 1 000 元的花苗；二是可以每周来农场剪 20 支玫瑰花；三是享受基地三年的鲜花销售分红。

第一波消费众筹便招募了 80 余名会员，最多的客户一个人认筹了五份合约，这为基地带来了第一批客户，也是

农场开始营业赚到的第一桶金。自此，王勇龙夫妇的初见花田有了新气象。

扩大种植规模，进行消费升级

随着初见花田知名度的提高，以及花友们对鲜花需求的增加，农场规模逐步从原先的 10 亩扩展至 50 余亩。农场雇用年纪大的村民来种花、除草、修剪、施肥等。忙着种花的工人王阿姨说："我都 60 岁了，年纪大了，一是去不了远的地方，二是 60 岁出去也不好找工作。这里离家也近，'家门口'便能就业，一个月工作十几二十天就有上千元钱的收入。"

种植规模扩大了，农场的花卉品种也逐渐增多，增加了 50 多个品种的进口大丽花，10 多个品种的剑兰，还有绣球、百合、郁金香、向日葵等。现在村民们每天起床开窗就能闻到各种花香，农场扮靓了乡村"颜值"，提升了村民"幸福"。花田还推行自助体验式剪花业务，在本地首创了鲜花自助采摘的商业模式，一年 600 元，会员每周可以来花田自助采摘 30 朵玫瑰花。一年时间里招募了 400 多名自助剪花年卡会员，同时汇聚了新昌县、嵊州市 8 000 多名园艺及花艺爱好者，给乡村发展带来了不少的流量，这为乡村大力发展农家乐、民宿及其他休闲服务业提供了一定的游客基础。此外，农场不断开拓鲜花和花苗在家庭生活和园艺生活的场景应用，开展了周花月花业务以及婚车装饰业务，还开发了用浓香型欧月制作玫瑰纯露、玫瑰精油手工皂、玫瑰花酒、玫瑰花醋等特色产品。

“美丽事业”继续盛放

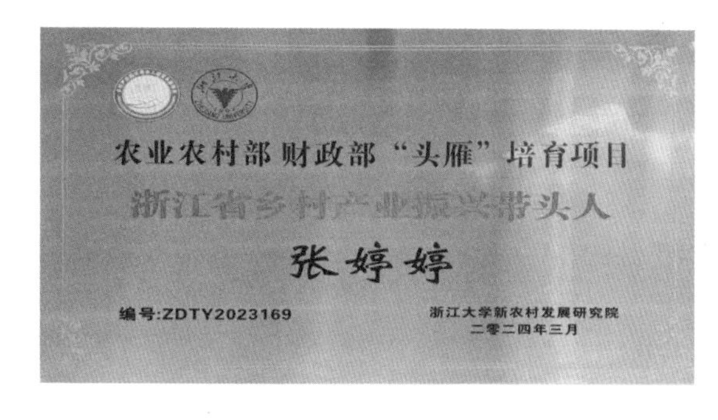

鲜花做成大产业，离不开产业链拓展。取材、配花、修枝……在张婷婷的手中，一把剪刀、一个器皿、一汪清水，几枝欧月、绣球、大丽花、百合、剑兰、郁金香……半个小时，一幅错落有致、生机盎然、独具韵味的插花作品便呈现在眼前。张婷婷，毕业于中央广播电视大学学前教育专业，2019 年在新昌县中国茶市经营起了鲜花工作室，开启了花艺生涯。期间不断学习深造，先后参加了杭州良友商学院西式插花高级花艺师培训、省级非遗技艺吴越流中式插花西湖级花艺师培训，并于 2022 年参加绍兴市插花花艺师职业技能大赛荣获三等奖，被新昌县评为乡村工匠、三星级乡村人才，荣获浙江省乡村产业振兴带头人称号。张婷婷开发了一系列花艺培训服务课程、分享沙龙、线上直播等模式，每年为上千名的学员传播分享插花技艺，通过线上线下知识分享精准获取目标客户的方式拓展产业用户基群，保证产业发展的同时带动更广大群体的创业就业事业，获取持续不断的深度和广度影响力。

生态种植方式，玫瑰花酵素初显优势

在鲜花业务逐步稳定的情况下，农场积极开展各类农作物的生态种植。尝试用玫瑰花酵素种植的方式，种植老品种的青菜、萝卜、玉米、甘蔗等，种出来的作物口感更甜更脆更好吃，市场反馈很好，赢得了很多客户的青睐，有不少是回头客。引进的冰激凌西瓜，用了玫瑰花酵素种植后，客户赞不绝口；引进泰国的红宝石水果玉米，更是卖到了 18 元一个的价钱，这是农场对未来精品农业的探索与实践。“这个品种玉米堪称玉米中的爱马仕，只要产品好，市场前景还是很广阔的，在控制好供需平衡的基础上，完全可以进一步开发市场空间。”王勇龙说：“如何在市场中找准自己的定位很重要，需要在不断的探索与尝试，并根据市场情况作出及时地调整。做农业不仅要懂种植技术，更要懂得市场营销，好的产品种出来如何卖出去、卖得好，这就涉及

浙江青年创业导师
聘书

王勇龙 同志：

兹聘请您为浙江青年创业导师，聘期五年。

导师编号：2022152

浙江青年创业导师团秘书处
（浙江省青年创业就业基金会代章）
2023年4月

市场营销学，也是新农人必须具备的基本素质，不然农业单纯靠蛮干还是会很累，会逐步消磨干农业的情怀，无法形成良性可持续发展。”

宝剑锋从磨砺出，梅花香自苦寒来。王勇龙夫妇在家乡建设初心花园农场，打造着“美丽事业”。农场以一产为基础依托，积极发展二产和努力引导三产，实现多产业融合发展，集农耕体验、科教娱乐、摄影写生等功能于一体的综合性田园式花海。工作之余，王勇龙还义务给周边村提供相关的技术支持。作为乡村振兴道路上的一颗致富新星，先后获得浙江省青年创业导师、新昌县县级乡村工匠、绍兴市返乡入乡人才代表等称号，并荣获绍兴市大学生创业创新大赛三等奖。农场荣获绍兴市青创农场示范基地称号。

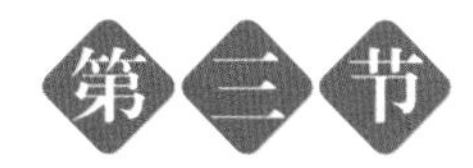

吴莲莲——“95后”茶艺师，青春在茶香中沉淀

2023年10月18—20日，浙江“绿领新农师”名师名课大赛在台州市黄岩区举办。来自新昌县白云文化艺术村有限公司（简称白云艺术村，下同）的吴莲莲凭借着精湛的技艺、独到的领悟，以题为“龙井茶冲泡技艺”的精彩授课拔得头筹，并被授予“浙江省第三批乡村振兴实践指导师”。这是继获得浙江省茶艺师职业技能大赛第一名、全国茶艺职业技能大赛银奖后，吴莲莲拿到的浙江“绿领新农师”名师

名课大赛第一名。

“真得很开心，没想到能拿到第一名，我离梦想又近了一步。”吴莲莲说：“我一直以来都抱着传播家乡天姥茶文化的想法。”

初见茶艺入门

一身淡粉棉麻布衣，一间茶室，一座茶台，一张摆放着简单茶器的桌子。温碗、弃水、置茶、注水，伴随着水雾的轻盈升腾，清幽的茶香随之弥漫缥缈，让人不自觉地放松下来，只想静静地喝一杯茶，细聊一份人生。

这位布衣女子就是茶艺师吴莲莲。今年 28 岁的她，出生于新昌县的茶乡小将镇旧坞村，从小就和茶叶打过交道，也有过采茶的经历。她回忆：“那时茶对我来说，只是家里经济来源的一部分，也从没想过自己以后的工作是与茶有关的。”

真正走上习茶之路，是源于观摩了一场如梦如幻的茶艺展示。吴莲莲一边倒茶一边向记者描述自己与茶的相遇，“那时我大一，看着台上茶艺师们优雅的动作，立马就着迷了。”当端过品茗杯时，清香拂面，茶汤入口，唇齿留香，口感略苦，但已生津止渴。“这场表演完全颠覆了我对茶的认知，原来茶可以有那么美的呈现方式。”经此体验，茶艺就像种子一样在她的心里，生了根、发了芽、开了花。

为了获取茶艺知识，吴莲莲开始了漫长的学习之路。“一开始自学泡茶手法，常常因动作不正确，把手烫出水疱，十指连心，有时疼得整晚都睡不好觉。”2015 年，得知浙江广播电视大学新昌学院的茶艺培训，她立马报名参加，并考取了人生中第一本茶艺师职业资格证书。此后，她参加了杭州的中高级茶艺师培训班，“因为那时经济能力有限，每天上完课都是坐公交住到同学家。”为了获悉最新茶文化讯息，她又辗转宁波、杭州、上海、深圳等地参加国际茶博会。

学校的时光转瞬即逝，唯一不变的是对茶的朴素兴趣。临近毕业，她不顾家人反对，毅然选择了新昌县唯一的一家清茶馆“由苑”实习。

2017 年，“由苑”被纳入市民公园建设规划用地，这意味着她心中的茶艺乌托邦幻灭了。

站在人生的分岔路口，该何去何从？迷茫、退缩、放弃，一时间充斥着她的脑海。一次机缘巧合，她来到新昌县白云文化艺术村，成为一名茶艺师。2018 年，凭着一股冲劲儿，吴莲莲先后参加了县、市、省茶艺职业技能大赛，均取得第一名的成绩，成为新昌县最年轻的高级茶艺技师。2019 年 10 月，吴莲莲赴福建武夷参加了全国茶艺职业技能大赛，取得了优异成绩，荣获了个人赛银奖。“之前，我站在台下，欣赏着令我为之动容的茶艺，今天我来到台上，以茶艺的方式展现我与茶的故事……”比赛现场，她这样说道。

在长久的积累和学习中，吴莲莲对茶有了细致的辨识：哪些茶需要高冲，使其翻滚，加速茶中内含物质释出；哪些茶需要用水慢慢浸润，既不影响叶底的观赏价值，又能保持茶汤口感……与此同时，她还加深了对茶席设计、日本茶道、茶席插花、茶果子制作、古典舞的学习，注重茶空间的营造，也在学习的过程中，她越来越感受到茶文化的深厚和博大。

林清玄在《茶味》中写道：“人生就如一片茶叶，只有在艰难险阻中沉浮，在痛苦辛酸中磨砺，才能真正体会到生活的原味和魅力。”数年的习茶之路，吴莲莲的每一步走得艰辛又坚定，这才成就了她如今的专业。

“泡茶是种享受，它需要以一颗平和的心，在人与茶的‘对话’中，去把茶本身的特质淋漓尽致地表现出来。”她说：“同一款茶，不同的人泡出来的口味会不一样。一名合格的茶艺师应在了解一款茶特性的基础上，严格把控投茶量、浸泡时间、水温，选择适宜的茶器、水质、季节气候等，最后怀着虔诚、敬畏，用心地去冲泡，每一道工序从不敷衍，每一步都是人、器、茶的用心交流。而她心目中茶艺的定义，应在泡好一杯茶的基础上，带给人美的感受。”

在白云艺术村的支持下，吴莲莲多次代表县、市、省参加对外茶文化交流活动，并于2018年年底开设成人生活茶艺和少儿茶艺培训，肩负起弘扬和传承茶文化的职责，为新昌县的茶文化宣传与普及尽力，同时，也让更多的人喜欢喝茶，爱上喝茶。

杯中佳人，宛若初见。吴莲莲回忆来时的茶路，从天真烂漫到若有所思，从单纯懵懂到入门习茶，她感恩茶给予的一切，愿意走一辈子的茶路。

潜心茶艺学习

真正走上习茶之路后，吴莲莲毅然安于家乡。“新昌自古就是产茶区，六朝高僧支遁、唐代诗人李白、茶圣陆羽、茶僧皎然、当代茶圣吴觉农等都为新昌留下了丰富的茶文化，有着深厚的茶文化底蕴。”吴莲莲说。为了获取更多的茶艺知识，吴莲莲开始了漫长的求学之路。2015年，吴莲莲参加了初级茶艺师培训班，从此踏入了茶艺门槛。她勤奋好学，深得老师们的喜爱，成为“大佛茶艺”品牌项目团队重点培养对象。自从打开了茶艺这扇窗，吴莲莲四处寻找茶艺的真谛。茶艺师不仅学习茶艺表演，还要熟练掌握茶叶专业知识、服务、管理等综合技能，吴莲莲钻研茶典、认真练习，但凡有与茶艺相关的培训班，她都积极参加。“每位老师都有自己的专长，我从她们身上学到了很多茶学知识，也了解了新昌县茶叶的发展历程，更加深刻地认识到茶叶对于新昌人的重要意义。”吴莲莲说。

四处学艺让吴莲莲茶艺迅速提高，进入白云艺术村则是让吴莲莲的文化底蕴慢慢沉淀。白云艺术村是浙江白云伟业控股集团有限公司旗下的新昌县著名的文化场所，不久吴莲莲便成为白云艺术村技能培训负责人。

针对社会上有些人采用杯泡方法存在的茶汤苦、涩味重的问题，吴莲莲带领白云茶艺师团队对大佛龙井、天姥云雾和天姥红茶采用茶水分离泡法的研究，制定提出科学的泡法和三要素（时间、茶水比、温度）参数，并大力倡导推广。同时，针对饮茶方式的多样化需求，带队研发了新茶饮。通过调饮、冷泡、冰泡等方式吸引更多年轻人加入饮茶行列，迎合了年轻人追求新颖、新鲜、健康的饮茶方式。吴莲莲多次在中国国际茶博会等展示展销活动上进行演示，推广新昌县大佛龙井品牌及科学的泡茶、饮茶方法，有效扩大了大佛龙井品牌影响力。

自古以来，无数高僧、诗人、茶人在新昌县集结，不仅留下了唐诗之路和无数锦绣佳篇，更催化出了新昌县独特的禅茶文化，也滋养出了新昌县独特的茶人情怀。“技艺让茶叶清香，文化让茶叶更醇厚。我觉得两者缺一不可。”吴莲莲介绍，白云艺术村是新昌县文化人的一个重要聚集地，许多诗人、茶人时常在白云艺术村聚会。当大家交流时，吴莲莲就安静地给他们泡茶，倾听他们探讨新昌文化。“起初，我听得云里雾里，后来，逐渐被熏陶了。”吴莲莲说。白云书院（白云艺术村兄弟部门）聚集了一批新昌县有影响力的文史研究专家学者，收藏的都是新昌文化典籍中的精华，同时还定期刊出涉及茶叶和佛教的学刊、专辑。在新昌文化知识海洋里徜徉，吴莲莲对茶文化与新昌文化的积淀日益深厚。“别看她不声不响的，她现在对新昌文化的了解可不比别人差，这让她的茶艺也有了不一样的韵味。”白云书院院长徐跃龙说。

致力茶艺推广

吴莲莲，目前是新昌县白云书院副院长、白云艺术村副总经理、首席茶艺师，也是国家一级茶艺技师、二级评茶师。她精心组织培训，为乡村振兴培养茶业人才。在白云艺术村，吴莲莲先后开设了少儿茶艺精品班、成人茶艺精品班、成人茶艺社会班，承接县人社局、县农业农村局及其他有关单位的茶艺师职业技能培训及农村实用人才培训。通过线上与线下培训，培训茶产业学员 20 000 余人，少儿茶艺学员 2 000 余人。培养了国家级茶艺技师 5 名，高级评茶员 20 名，高级茶艺师 30 名，浙江省技术能手 2 名，绍兴市技术能手 4 名，绍兴市青年岗位能手 2 名，宁波市技术能手 1 名，绍兴“金蓝领”1 名。吴莲莲多次指导学生参加省、市、县级技能竞赛，全国茶艺大赛银奖 1 名，铜奖 1 名；浙江省茶艺师职业技能竞赛一等奖 2 名，三等奖 1 名；绍兴市茶艺师职业技能竞赛一等奖 2 名，三等奖 1 名；宁波市茶艺师职业技能竞赛第一名；新昌县全民茶艺比赛第一、第二、第三名。

授课经验的积累，让吴莲莲摸索出了独特的授课内容和方式，以数字化的手段让学员及时精准地把握茶艺的流程，通过短时间的学习也能泡出上佳的茶水，“数字化茶艺”的初步研究成功，吸引了众多学员。2020 年，白云艺术村被新昌县农业农村局认定为农民教育培训机构，有了这个平台，吴莲莲承担的茶艺培训班成倍增加，进一步打开了茶艺提升空间，短短几年，技能突飞猛进。她先后被授予浙江省高技能领军人才、浙江省技术能手、浙江省优秀共青团员、省级乡村振兴实践指导师、绍兴工匠、绍兴市青年岗位能手、绍兴乡村工匠等称号，并获得了国家级高级茶艺一级技师资格。在“绿领新农师”讲课中，吴莲莲用透明的玻璃盖碗，通过温具、置茶、润茶摇香、冲泡、品饮五个步骤，展示了大佛龙井冲泡的流程、茶水比例、水温、浸泡时间、茶艺礼仪等，赢得评委老师的一致好评，震惊了全场，一举夺魁。随后，又作为浙江省高素质农民代表参加全国农民教育培训发展论坛。

在茶艺世界里摸索的这些年，吴莲莲成为茶艺实践者，同时也成为一名忠实而勤劳的茶艺传播者，为推动新昌县茶产业的快速发展洒下了一份青春汗水。正如她在讲课中所说：“茶是什么？对我们中国人而言，茶是经济的来源，是健康的饮料，是生活的方式，是文化的自信，更是大国的风范。让我们以这片小小的树叶为载体，为乡村振兴、为共同富裕贡献力量！”

第四节

唐运威——园艺“化妆师”：一草一木都是情

唐运威，1994年生，浙江省绍兴市人，共青团浙江省第十五次代表大会代表，绍兴市花卉产业农合联副理事长，绍兴市越城区农创客发展联合会副秘书长，农业经理人高级工，绍兴市七星园艺有限公司总经理。曾获得全国供销合作社中级农业职业经理人认定、浙江省第五届农村创业创新大赛绍兴市赛区二等奖、绍兴市第七届大学生创业大赛优胜奖、绍兴市十佳优秀农创客、绍兴市越城区大学生农业创业之星、2021年“美丽越城”建设突出贡献个人等称号。

本着对家乡故土的深厚情感，唐运威在越城区政府大学生创业激励政策的引导下，积极响应“两进两回”号召，返乡创立农业公司——绍兴市七星园艺有限公司。

创立公司，将科技与人才作为发展动力

在充满活力和激情的大学时代，唐运威就展现出了他的独立精神和奋发向前的决心，他深知只有通过自己的努力，才能实现人生的价值。

2016年，唐运威从机械设计制造及其自动化专业毕业后，没有选择进入社会直接就业，而是关注实事，找寻发展机遇。正逢时，花卉产业作为一种具有广泛市场前景和丰富文化内涵的绿色产业发展迅速，在花卉领域的科技投入也不断增加，这就带来了前所未有的机遇。同

时，政府为鼓励和引导大学生创业出台多项政策。

于是，2016 年 8 月 31 日，唐运威带领自己的伙伴团队创立绍兴市七星园艺有限公司，投身于政策引导的“五大行业”之中。他说：“作为第一家入驻的企业，享受了越城区大学生创业的优惠政策，以及工作人员对我的帮助，为我们这些大学生创业提供了更好的平台。”

他在种植环节中发现，花卉种植的技术水平参差不齐，品质和产量不稳定，导致花卉耗损率较大。同时，由于关键的花卉商品化生产技术的缺乏，上游的花卉供应过剩，堆积现象严重，而下游销售环节产出较少，效益不高，这直接导致库存花卉占用大量资金，生产计划变得艰难，公司陷入发展瓶颈。

我国的种植设施大多以日光温室、大棚为主，主体力量仍旧是较为原始的人工作业的“小而全”经营模式，但当他实地拜访各地成功的花卉种植大户时，看着眼前以高科技打造的花场，改变了他的前进方向。为了进一步推动花卉产业的发展，唐运威将创新花卉栽培技术，实现资源优势和品种优势作为下一个目标。他摒弃传统劳动力，培养科技花卉种植人才，组建了一支优秀的后勤团队，确保公司在发展过程中无后顾之忧，并带领团队积极开展一系列创业创新活动，不断探索发展道路。

他还引进国内外种植技术，建设玻璃温室，在光照系统、温度系统、灌溉施肥系统等实现自动化控制，利用容器苗生产、盆花设施等方式完善商品化生产技术，通过引进、吸收和发扬创新技术，配套花苗种植环境温度、湿度、土壤等因素开发出适合的生产和管理标准，有针对性地进行加工、稳定和改造，提高了种植效率和产出品质。唐运威充分发挥

科技优势，并带领团队在创新实践中不断成长，跨过了入行的第一个“坎”。2022 年，其花卉种植场获得区级示范性青创农场称号。

如今，公司已拥有近 60 亩的可耕种土地，主要种植天堂鸟和白芨的试验基地，其中，天堂鸟不仅作为切花销往各地，现在还在研究培育适应当地的天堂鸟盆栽，并聘请大学植物学等专业教授、专家等作为企业的技术指导以确保公司专业技术水平，为企业发展提供有力的科研支撑，为公司的未来奠定坚实基础。

拓展业务，将可持续作为发展关键

仅仅依赖鲜花销售并不能确保公司的可持续发展，为了实现更广阔的未来，唐运威积极探索并拓展其他花卉业务。

有关调查表明，当今室内环境里的污染物已达几百种之多，主要可分成三大类别：一是物理污染，包含噪声、振动、红外线、微波、电磁场、放射线等；二是化学污染，包含甲醛、苯、一氧化碳、二氧化碳、二氧化硫、总挥发性有机化合物（TVOC）

等；三是生物污染，包含霉菌、细菌、病毒、花粉、尘螨等。而养花可以降低室内空气污染指数，合理的摆放能够让人们每天都能呼吸到新鲜空气。

唐运威抓住这一点，深入了解并学习花卉的实际应用，比如吊兰能释放杀菌素，可以杀死居室空间里的细菌，常春藤能吸收 90 % 苯，一盆小小的仙人掌就能大大减少电磁辐射给人体带来的伤害，等等。以此，这些花草是“便宜有效的室内空气净化器”和“家居卫士”。

“生活中不能缺少美，更不能缺少健康。因此我们所追求的除了满足客人对美的追求之外，更加重视对健康的需求。但是，随着社会的进步，经济的发展，我们的居住环境空气质量日渐恶化，如室内装饰材料或家具所释放的致癌物、烹调油烟、有害病毒细菌以及无处不在的辐射都在悄无声息地侵害着人们的身体健康。原来的花卉园艺从美观角度，多数仅为摆设作用，虽然有部分公司也有提出健康的绿色概念，但却没有真正做到。我们公司作为唯一一个主要做健康园艺的公司，会本着负责的态度，去做自己的产品，一家会根据环境、人群、性别等各方面因素私人订制的公司。”

为了更好提高花卉的使用价值和购买价值，唐运威将“花卉”与“环境”结合，以室内外环境美化、健康为目的的运营理念，在盆景、花卉、苗木租借、零售、批发等传统销售模式的基础上，加入非传统化组合式设计类产品，即不同于传统花卉概念的私人订制花卉，以满足消费者的需求。同时，唐运威研究开发珍稀花卉品种，比如母生、坡垒、白木香、油丹等，以其微薄的力量转圜珍稀品种的绝种趋势，贡献自己的力量。

“公司仍处于初创阶段，公司的未来还等待我们团队积极开拓，目前我们仅仅只是通过自己的微信平台来做一些推广，但在未来，我们会搭建自己的网站，开发自己的 APP，让消费者更好地选择我们的产品，这也是我做园艺的一个理念。”唐运威的公司以“健康、特别、优质”为宗旨，对待顾客做到“微笑服务”，切实提升服务质量，拓展了业务范围和发展空间，是确保公司长远发展，实现可持续发展的关键所在。他也将立足科技创新，发挥资源优势，让每一片绿叶都成为生活的亮点，为行业增添更多的色彩和活力。

合作共赢，探寻共同富裕的发展道路

唐运威每年向上海、杭州、宁波、慈溪、义乌等华东华南地区销售花卉 10 万只鲜切花，向本地市场销售盆栽 5 万盆。他在销售自己产品，发展自己公司的同时，不忘农业人初心，始终将共同富裕视为己任，带动周边农户就业。他流转周边 10 多户村民的土地，使得这些土地提高了利用率。不仅如此，每年他都会招用 3 000 余名农村劳动力，用工时优先雇佣周边农村妇女等闲置劳动力，增加社会就业岗位，带动周边村民增长收入，用他的实际行动诠释了“共同富裕”的深刻内涵，展现了一位优秀农业创业者的社会责任和担当。

2021 年，在越城区委区政府和农业农村局的关心指导下，绍兴市越城区农创客发展联合会正式成立。唐运威怀着“乡村振兴，共同富裕”的目标，加入联合会并担任副秘书长，开启了青年农创客资源共享、抱团发展的新方向。他与农创客共同为村民提供农业服务，参与了爱心捐赠、合作交流、实地走访等活动，得到了越城区广大村民的认可和赞扬。2022 年，他成为共青团浙江省第十五次代表大会代表。

目前，他与杭州银行、黄酒小镇、商务局、越城区行政中心、越城区人力资源和社会保障局、美年大健康医院、绍兴北站、绍兴火车站、温州银行、鲁迅电影院、绍兴市供销社、越城区社保中心、越城区交易中心等百余家单位合作，共同推动越城区农业发展。

他的故事，是一个充满挑战和机遇的创业故事，也是一个充满希望和梦想的农业故事。他的成就，不仅仅是他个人的荣誉，更是越城区农业发展的一个缩影。以梦为马，不负韶华。创业至今，唐运威始终扎根农业农村，坚持科技创新，将与所有农业人为实现“乡村振兴、共同富裕”的目标贡献自己的一份力量！

金坤——打造“诗与远方”的“新昌菇凉”

在广袤的新昌县大地上，有一位“新昌菇凉”以其对乡村的挚爱、对民宿事业的执着，以及对乡村振兴的热忱，演绎了一曲动人的新农人之歌。

“新昌菇凉”是金坤的网名，她是新昌我行我宿文化发展有限公司创始人兼总经理、新昌县民宿农家乐产业协会秘书长、新昌县农创客发展联合会副会长。金坤以民宿为载体，倾力挖掘并传播新昌县的地域文化与美食魅力，以创新的商业模式和卓越的服务品质，点亮了新昌县的“诗与远方”。

打造民宿，筑梦“诗与远方”

金坤，这位毕业于旅游专业的才女，原本在新昌县一个家族企业从事行政人力工作直至进入管理层，10多年的职业生涯赋予了她扎实的管理功底和严谨的工作态度。然而，一颗炽热的乡村情怀始终在她内心涌动，对新昌县乡村的眷恋与对民宿产业的向往，让她毅然决定告别职场舒适区，投身于这片充满生机与挑战的乡野。

2016年，金坤辞职并正式开始了她的创业之旅。前期参与绍兴民宿概念首创的“发现”系列民宿的投资与管理。这些民宿巧妙地融入了新昌县的自然风光与人文底蕴，打造了一系列团建、户外、亲子、休闲度假等多元化的乡村体验式休闲旅游产品。她以敏锐的洞察力和对本地乡村的深度理解，带领游客们在每一次的体验中感知新昌县的魅力。

2021年，金坤在镜岭村镜岭老街全资运营了“慢UU”民宿，这家民宿由原邮政公司员工宿舍改造而成，是新昌县首家集时尚与亲子主题于一体的中高端民宿。金坤以细腻入微的设计理念，将民宿打造得温馨而时尚，网红打卡点、趣味小摆件无处不在，为老街增添了勃勃生机。她亲自把控每一个细节，从装修材料的选择，到设备安装，软装搭配都力求做到极致，只为将最美好的一面展现给每一位客人。2023年10月，“慢UU”民宿入围“浙韵千宿”培育民宿，同年获得浙江省第四届乡村民宿伴手礼大赛综合奖。

2022年，金坤携手十九峰景区，全面负责隐峯麓栈民宿的运营管理。该民宿是由一所坐落在十九峰景区下被闲置的村小改建而成，宁静的环境、典雅的茶室、精致的客房，如诗如画，令人流连忘返。民宿四周，小桥流水、花木葱郁，透过落地窗眺望，层峦叠嶂的山峦犹如一幅流动的水墨画。在这里，游客可以悠然漫步、品茶赏景，享受心灵的宁静，分享各自的故事。通过运营，在原来浙江省银宿的基础上，2023年，隐峯民宿被评为浙江省“五星级农家乐”。

“我所追求的，正是这样一种既热爱工作、又能结交朋友，还能带动乡村发展的理想生活。”金坤秉持“驻足乡村，助力乡村”的理念，用心倾听市场声音，持续优化民宿服务，让每一位来到新昌县的游客都能带走属于这里的独特风味。

深耕乡旅，点亮“新昌名片”

2016—2020年，金坤还积极参与新昌县乡村旅游、民宿及全域旅游的发展工作，她的身影活跃在各个关键岗位。她先后担任了“新昌乡旅”“新昌天姥山居”“新昌文旅”以及部分乡镇街道乡旅板块等微信公众号的责任编辑，用新型图文的方式描绘新昌县的千般风情。她主创策划的新昌县农业农村局“天姥乡味”系列报道，因其深度与广度，不仅赢得了读者的喜爱，更被编写成教材，成为研究新昌县乡村文化的宝贵资料。近年来，金坤还携领公司团队精心策划并成功举办了新昌县各乡村文化旅游节会30余场次，参与文旅、民宿推广交流活动逾10场次，足迹遍布省内外。2021年3月9日，金坤还与镜岭镇达成协议运营雅庄民宿联盟，创新打造雅庄一站式平台，其丰富而扎实的实战经验，为新昌县的民宿产业与乡村旅游发展做出了卓越贡献。

金坤不仅是新昌县旅游的推动者，更是其美食文化的热情传播者。

“每天催我早起的不是梦想，而是新昌的早餐。”作为早期推广新昌县特色碳水美食的“小编”，她以“新昌早餐”为引子，用饱含情感的文字将新昌炒年糕、榨面、芋饺、春饼、镬拉头、米海茶等地方美食生动呈现，将它们与新昌县的历史、风土人情紧密相连，赋予每一款小吃以鲜活的生命力。

一篇篇推文中，金坤在一道道菜品中注入对家乡、对亲人、对生

活的热爱，以饱满的深情、细腻的笔触，甚至亲自动手制作，将新昌特色小吃中蕴含的独特和美好娓娓道来，充满了可亲可近的烟火味。旁征博引，将眼前的普通美食与深厚的地域历史打通，从而大大拓宽了文章的纵深度。她的文章既有浓郁的烟火气，又富含文化底蕴，使得新昌县美食文化在网络平台上广为流传，吸引了无数食客慕名而来。

在长期的有关“三农”、文旅等方面的宣传推广过程中，金坤对新昌县的地域文化、特色小吃等耳熟能详，也积累了大量的图片素材，为下一步自己开民宿打下了坚实的基础。

公益反哺，架起“共富之路”

金坤深知，企业发展离不开社会的支持，她积极承担企业社会责任，怀着感恩之心回馈社会。她受聘为新昌县委党校乡村运营校外基地授课讲解员，两年间接待了来自新疆维吾尔自治区、浙江省、江苏省等地的乡村干部、少数民族干部、新型女性农人等培训班学员近500人次，通过现场教学、交流经验，为全国乡村振兴战略的实施贡献智慧与力量。

多年来，金坤一直公益指导服务于县内民宿农家乐以及旅游村庄，独创“每月一访”日志，公益助力新昌县民宿行业持续健康发展。如：沙溪镇董村村生田自然村的生田社为了满足不同群体的需求，金坤多次参与指导、探讨设置当地土特产、自制文创等，为游客带来更好的乡村旅游体验，她还多次在“五一”等节假日公益协助运营管理。期间，金坤也带公司团队管理运营新昌县巧云居·艺舍民宿（浙江省银宿）一年，担任嵊州市何家坞民宿（浙江省金宿）运营顾问一年。

2022年，浙江省最美女主人培训班在象山举行，金坤出席并上台为全省民宿女主人作经验分享发言。2024年4月，应四川省阿坝藏族羌族自治州马尔康市相关部门的邀请，前往该地分享新昌县民宿运营经验。

在经营民宿的同时，金坤深挖镜岭镇特色，于2019年联合镜岭镇创立“镜岭味道”项目，独家代理运营这一特产文创品牌。2021年，她被聘为外婆坑村乡村振兴委员会智库专家，助力外婆坑村农特产的推广与销售。

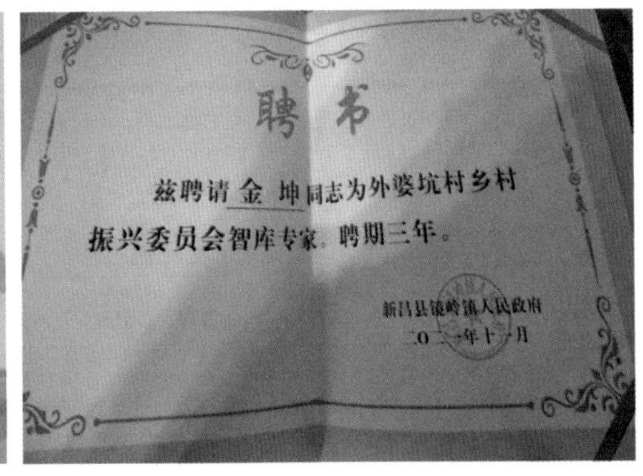

在当时镜岭镇党委主要负责人的领导和支持下，金坤创新推出乡村旅游伴手礼，如外婆坑村玉米饼，结合民族风情设计了便携包装与多种口味，她还巧妙地将唐诗文化与镜岭茶叶相结合，推出“诗茶一味”“茶逢知己”等茶叶伴手礼，并配套推出帆布袋和纸胶带、文具套盒等“镜岭味道”系列文创产品。2020年8月“镜岭味道”系列产品（玉米饼、诗茶一味、十九峰置物架）荣获绍兴市乡村及民宿伴手礼大赛金奖。2022年10月，“镜岭味道”获“浙里来消费”潮品牌称号。

情缘乡村，共绘“振兴画卷”

金坤，这位在民宿领域绽放光彩的“女主人”，以对乡村的深沉热爱，以对民宿事业的执着追求，以对乡村振兴的坚定信念，书写了一段扎根农村、振兴乡村的动人篇章。她不仅是一位成功的创业者，更是一位热心的公益者、文化传播者和乡村振兴的实践者。

金坤的民宿事业不仅实现了个人的梦想，更照亮了新昌县的乡村振兴之路。她开设的公司、民宿为当地提供了20多个就业岗位，培养了一支专业乡村运营管理团队，有力地推动了乡村就业，激活了地方经济。牵线搭桥，招商引进了新昌县马放澜山民宿、镜岭大酒店等项目。2023年，金坤与东茗茗香农业发展有限公司合作，联合投资运营星空驿站项目，通过对闲置农房的改造升级，引入创新业态，进一步丰富了乡村旅游内涵，提升了乡村特色。

荣誉证书

金坤 同志：

在“助力乡村旅游 促进巾帼创业”系列活动中表现突出，特授予“绍兴市乡村旅游业‘最美’女主人”称号。

绍兴市妇联 绍兴市旅委

二〇一八年十一月

在金坤的引领下，新昌县的民宿产业如同璀璨的繁星，点缀在绿水青山之间，熠熠生辉。她的民宿不仅为游客提供了温馨的休憩之所，更成为连接城乡、传承文化、带动经济、提升生活品质的重要纽带。

金坤，这位民宿“女主人”，用她的智慧、勇气与坚持，点亮了乡村的“诗与远方”，为新时代“千万工程”建设，为打造“望得见山、看得见水”的美好生活图景，为共同富裕的伟大目标，注入了生动的力量。近年来，她先后荣获2018年“助力乡村旅游 促进巾帼创业”活动“绍兴市最美女主人”、2018年绍兴市美丽庭院设计大赛“最佳人气奖”、2018年新昌县美丽庭院“三等奖”、2021年度新昌县“最美创业女性”、2021年度新昌县旅游业“微改造，精提升”行动监督员、2022年度新昌县“最美创业女性”、2023年8月镜岭镇宜商环境体验官、2023年度认定为新昌县“金绿领”……

她的事迹，是一部鲜活的乡村振兴教科书，激励着更多人投身于这片希望的田野，共同绘制乡村的美好未来。

陈晓波——“文创 +”激活乡村振兴

陈晓波，新昌县轩辕广告传媒有限公司总经理。凭着山里人吃苦耐劳的精神，在文创领域有了一番“小天地”。2013 年，她看到家乡在“千万工程”引领下，创新创业舞台广阔，就下决心扎根乡村干一番事业，争当乡村产业振兴的“领头雁”。

文艺赋能是乡村振兴的助推器。多年来，陈晓波致力于挖掘和推广新昌县乡土文化，通过文创赋能空心村、落后村态带动传统产业转型与升级，拓展全域旅游内容，成为乡贤助力乡村振兴、助推共同富裕的新样本。

空心村变为“省休闲旅游示范村”

依山傍水，湖光山色，风光旖旎，空气清新。东郑村位于宜居宜业的东部美镇大市聚镇的西面，距新昌县县城 10 千米。1 万多亩的国家大型水库钦寸水库位于右侧，百米大坝、湖光山色尽收眼底。东郑村于其左岸而立，沿湖 3 千米景观带蜿蜒绕村，是新昌县的唯美后花园。

曾经的东郑村底子薄，老百姓的收入主要靠在田地里种点茶叶、柿子、花生等土特产，或者去企业打工。2015 年，该村通过招商引资建造薰衣草庄园，新开业的草农 · 生态园，亟须引流拓客。当时，生态园的一位朋友找到了陈晓波，希望借助陈晓波的专业和热情，以及广告人的策划思维能力，为振兴东郑村产业的发展助力。

陈晓波当时已经创办了新昌县最早的自媒体“新昌通”，她决定利用“新昌通”免费为薰衣草庄园的音乐灯光嘉年华、灯光秀等10余场活动推广引流，比如宣传造势，推广门票。

同时，她还参与乡村旅游品牌“左岸花乡”的打造。陈晓波团队利用专业的广告创意团队，深入挖掘东郑村的文化内涵，精心设计出一系列富有创意的乡村景观。在陈晓波的文创赋能下，当地村民还因地制宜，装扮起了自己的庭院：将老酒坛子巧妙地做成花瓶、装饰物，绘上图案；将竹枝编成竹篮做装饰，或将竹枝弯曲成形，做成拱门，装饰上花草；撒播种子，收获一园的花朵……在当时大市聚镇政府（现沃洲镇政府）的指导和支持下，东郑村还倾力打造“风情茶园”“古树公园”“梯形田园”“左岸花香庄园”“三十六镬土灶长廊”等景观。

薰衣草、格桑花、玫瑰花、瓶子草、大花葱，一大片蓝紫色的花海，迎风摇曳着浪漫的异域风情……在乡村振兴的路上，陈晓波还充分发挥“新昌通”的流量效应，大力推介文旅资源。工作之余，她就在庄园“安营扎寨”，用手机、相机捕捉精彩瞬间，采集优质素材，以文字、图片、短视频等方式通过个人自媒体平台账号即拍即发。同时，开展农特产品直播带货，助力“美景出圈、好物出山”，为全面推进乡村振兴铺就一条“花样”增收路。

2018年，东郑村被评为省级AAA级旅游村，入选为浙江省休闲旅游示范村。2019年，东郑村吸引游客3万人次，带动村民经济收入大幅增长，村集体经济收入达40万元，开启了一条生态致富路。

农业小村变为网红打卡地

白杨村位于新昌县羽林街道的东北角，地处新昌县、嵊州市交界处，地理位置偏僻，一度发展受困。2023 年，随着陈晓波带着乡旅项目的到来，白杨村发生了巨大变化。

作为浙江省旱粮绿色高产高效创建百亩示范片、新昌县小京生集成栽培技术示范基地，白杨村 2023 年种植有 450 亩水稻、70 余亩高粱、80 亩花生，每年都产生大量的高粱、花生秸秆和稻草。在羽林街道的支持下，陈晓波就地取材，用稻草、高粱等搭建了小兔子、龙猫、鼹鼠等栩栩如生等特色造型，吸引众多市民前来打卡。2023 年 12 月，陈晓波的乡旅项目“好事花生”开始运营，短短一个多月，就已经吸引了新昌县及周边嵊州市、天台县等 18 000 余人次打卡。

如今，回归自然，体验乡村，是越来越多的城市人度过周末的方式。对于乡村农场，也需要创新，以农村、农业作为旅游规划的空间载体，发挥资源价值最大化，将资源转化为产品。

白杨村主要农作物是小京生，所以基地又取名“好事花生”。经过多方努力、探索，这条“特色产业 + 乡村旅游”的乡村振兴新路径，便应运而生。为了吸引更多市民前来休闲观光，基地为此经过了一系列整体规划设计，目前主要观景平台、游览路线、休息场所等基本框架已建设完成。陈晓波用实际行动践行着她说的话：“我们不是基地的运营者，而是乡村生活的运营者。”

在这样的理念下，陈晓波整合各方资源，通过新模式、新媒体的专业运营，致力于打造大平台引流，再带动周边乡村村民，做好吃、住、行、游、购、娱等丰富配套，实现“我们把人带进来、村民把人留下来”的共富目标。目前基地已经对外开放的有草坪露营区、轻食咖啡馆、餐饮农家乐，可同时接待 100 人以内团建、餐饮、聚会等休

闲活动。未来还将打造垂钓区、露营区、萌宠区、游乐区、采摘区、徒步区、赏花区等丰富的观光游玩配套。

在白杨村，陈晓波还打造了一家村咖——陌上花咖。在三面落地的玻璃房里，望得见山、看得见水、闻得到咖啡香，没有灯红酒绿，没有车来车往。陌上花咖的开业，吸引了许多游客前来打卡，也推动了村里民宿、超市等业态增收，也实现了美丽生态、美丽经济、美好生活的融合发展。

农创客变为“热心公益大使”

作为新昌县政协委员，陈晓波一直致力于本土传统文化、美食文化的推广。

2020 年 11 月 15—17 日，在西安·绍兴周上，以“千年风物新丝路——越地国粹”为主题的绍兴地方传统小吃美食展在西安大唐西市广场盛大开幕，陈晓波全程参与了新昌特色小吃展位的策划设计。美食展上，新昌炒年糕、芋饺等新昌特色小吃摊位前排起了长龙，受到广大顾客的青睐和好评。同时，他还参与“鼓山文创夜市”，在普通的鹅卵石上创作佛字、熊猫、蓝天、白云等各式各样元素，吸引许多市民驻足选购。

陈晓波从小喜欢画画，大学就读的实应用美术专业。2017 年，陈晓波利用所学专业，开办了一个没有培训课程，只提供场地、材料和必要指导的自由式画室，并取名轩辕阁自由画室。一开张，画室意外地受到了当地市民的欢迎。起初是几个朋友来捧场，随着一幅幅画作在微信朋友圈传开，慕名而来的人越来越多。

一位企业高管由于工作压力大，选择来画室减压。起初，“零基础”的她面对画布，不敢画下第一笔。“刚开始时，几乎每个人都有‘不敢落笔’的情况。”陈晓波所要做的就是鼓励大家，让他们按照心中的想法大胆去画。

果然，在陈晓波的鼓励下，这位企业高管在落下第一笔后，画得越来越投入，笔触越来越自如，生活烦心事也都丢到了脑后。最后，一幅漂亮的红叶图出现在她的笔下，“发到朋友圈后，大家纷纷点赞，都不敢相信这是我画的，那种成就感真是太好了，压力也一扫而空。”这位高管说。该画室还成为新昌县团县委支持的一个青年创业项目，获得了“团干部素质提升基地”的授牌。

心之所向，素履以往。陈晓波发挥自身的艺术才华，热心公益，不断助力乡村振兴。利用“新昌通”助农公益项目，至今先后组织和主办参与了新昌县大市聚镇西山薰衣草庄园旅游项目免费推广、东茗乡 64 岁老人冬季滞销山羊助卖、县民政局“文明祭祀，鲜花换礼炮”公益活动、助耳日独居老人助听器公益赠送、团县委雷锋公益日志愿服务、“礼让斑马线”等活动，资金投入约 15 万元。

多年来，陈晓波以奔跑的姿态，不忘初心，情系“三农”，也收获了掌声与荣誉。2015 年，陈晓波参加了“邮政银行杯”新昌农村青年电商创富大赛，荣获三等奖；2015 年浙江省第十七届“金桂杯”广告大赛，荣获优秀奖；2016 年绍兴市第七届大学生创业大赛，荣获三等奖；2016 年被聘为浙江财经职业技术学院校外创客培训导师；2017 年获绍兴市网上文化家园示范项目；2017 年轩辕阁自由画室获评团干部素质提升基地、亲亲家园相亲基地。2018 年轩辕阁自由画室获得青年之家称号。2023 年被评为“新昌县乡村产业经营人才”三星级。

杨钱钱——写给乡村和大地的一封情书

杨钱钱（笔名杨前），现任绍兴向左向右文化发展有限公司总经理、新昌田园情书农业有限公司总经理、新昌县农创客发展联合会副秘书长。

“一片叶子”，与茶的不解故事

杨钱钱，1987年出生于绍兴市名茶第一镇回山镇雅里村，雅里村在1993年建立了新昌县第一个名茶交易市场，家家户户从事茶产业。他从小在家庭的熏陶下便开始采茶、制茶，经历了柴火灶、炭火灶、电灶、自动炒茶机等四代制茶工具的革新，也见证了大佛龙井一步步迈入中国名茶行业。大学毕业后，杨钱钱发现家乡的龙井茶虽然品质佳，也深受北京、上海等外地大城市客户的喜欢，但同比西湖龙井等茶叶品牌价格差距非常大。于是他积极探索品牌推广路径，注册了“云翘”“翘舌音”“春尾巴”等茶叶商标，开发设计茶叶包装，把传统的龙井茶进行了一系列的产品和包装升级。接下来他便远上东北、京津冀等地区推广销售家乡的龙井茶，深受市场和客户的好评。同时他也热心助农，本着一个茶农人对家乡特有的情感，他以略高于市场价的成本收购本村及周边乡村村民采摘的青叶和干茶，积极帮助茶农增收。

“乡村运营”，与乡愁的那些故事

党的十九大后，乡村振兴号角吹遍祖国大江南北，大学生不断涌入农村创业，在国家相关政策引领下，杨钱钱和其他创业伙伴成立新昌吾乡文旅发展有限公司进军乡村文旅行业，主要从事旅游规划与设计研发，以及以文化创意、乡村运营等为主导的一站式服务。

外婆坑村，位于新昌县镜岭镇，地处新昌县、东阳市、磐安县三地交界处，距新昌县县城 45 千米。20 世纪 90 年代末，该村经济发展十分落后，全村人均年收入仅 96 元，在浙江省贫困村中垫底。“八十炉灶四十光（棍），有女不嫁外婆坑，三餐吃着玉米羹，缺钱缺粮缺姑娘”，是当时外婆坑村的真实写照，被称为“光棍第一村”。2021 年年初，新昌吾乡文旅发展有限公司正式与外婆坑村达成运营合作。自运营以来累计组织活动 20 多场，建成业态 12 个，接待游客 100 多万人次。外婆坑村的玉米饼和茶叶供不应求，率先吹响共同富裕“冲锋号”，实现了从“光棍第一村”到“江南民族村”的蜕变，穷山恶水的小山村发展成了绿水青山的样板村。

2022 年，他又开发运营了桃源村。桃源村，位于天姥山腹地，文化底蕴深厚，是中国第一个爱情故事——刘阮遇仙的始传地。借助天姥山开发的东风，他着手在桃源村打造一个集农业基地、美学空间、演艺场景地、休闲娱乐空间、网红打卡点等多业态为一体的寻梦天姥场景地，把李白心中的梦游地建成游客向往的实景地。

新昌县杨梅山村因种杨梅而得名，全村种植杨梅 2 000 多亩，可杨梅知名度低，杨梅销售困难，每年多数杨梅都烂在地里，种植户苦不堪言。为打响杨梅品牌，提升杨梅价值，实现村民和村集体增收，村两委找到杨钱钱寻求帮助。他一次次走访调研，抓住 AAA 级景区村创建的契机，给杨梅山村做了整体的规划。策划了以“杨梅山上杨梅红”为主题的推广方案，开发了一系列杨梅文创产品，将游客中心打造成杨梅系列产品的销售展示中心，更是连续五年成功策划了以杨梅为主题的“杨梅文化旅游节”。经过一系列的努力，杨梅山村杨梅从最初每千克的 10 元无人问津卖到了 40 元还供不应求，全村户均增加收入约 7 000 元，“杨梅山上杨梅红”的金字招牌越擦越亮。如今的杨梅山村，露营基地、文化礼堂、多功能体育设施场地等各项基础设施相继建成。村民生活像芝麻开花——节节高，他们的脸上都露出了幸福的笑容。

2023 年，在新昌县人民政府和农业农村局的大力推进下，新昌县开启 13 个农创园建设工作。杨钱钱作为一名农创人，深知使命和责任重大，积极对接各创建单位。一趟趟到各乡镇街道实地对他们在政策、创建标准、农创园设计运营等方面进行创建指导。许多乡镇地处偏僻，很难吸引到优秀的返乡青年，他一方面努力指导创建单位给新农人创造良好的创业办公条件，挖掘当地可开发的特色资源。另一方面，借助协会和其他社会力量，积极招引有志青年返乡，耐心给他们讲解回乡创业的各种补助政策、创业项目等。经过多方的共同努力，2023 年新昌县成功创建了 13 家农创园。他重点参与建设运营的“巴士城农创园”荣获绍兴市 2023 年度市级 B 类乡村人才创业园（孵化基地）称号。此外，园区入驻团队已达 18 家、引进新农人 80 人（其中农创客 64 人），助农、相关走访活动等 17 场。农创园涵盖乡村运营、农产品加工及销售、农文旅基地、茶产业基地、农村电商直播等领域，带动农民增收人数超 3 000 人。

为了更好地服务乡村，杨钱钱还成立了乡村文化公司，成功策划了“新昌中国农民丰收节”“羽林芍药花节”“沃洲柿子节”“七星杨梅节”等地域特色的农事节会。也成功打造出极具外婆坑民族风情的“泼水节”“国庆长桌宴”等。他发现乡村节庆一端连着文化和生态，一端连着产业，在提升乡村知名度、增加农民创收、促进农业农村转型发展等方面发挥了重要作用。他策划的一系列乡村节会，对乡村经济的发展起到了重要的推动作用。大量游客涌入乡村，为当地的餐饮、住宿等行业带来了可观的收入。同时，乡村节会也为当地的农产品打开了销路。许多游客在体验乡村文化的同时，也会购买当地的特色农产品，如土特产、手工艺品等。这些改变不仅能增加当地农民的收入，更是使该地农产品得到了更好的推广，带动乡村的经济发展。同时，公司还开发设计了一系列农产品品牌，宣传推广新昌县“天姥乡味”，将新昌县的优质农特产品推向了更广阔的市场。

“田园情书”，与大地的恋爱故事

杨钱钱立足乡村，服务乡村，在农业新的领域不断追求超越，但他也有一个遗憾，从来没有种过地。自从加入农创客联合会后，与协会的其他伙伴日常交流多了后，他慢慢地发现联合会里都是非常有趣的人。有种水稻的、有种水果的、有种花种药材的、有养鸡养鸭的、有养蜜蜂的……在传统农业上，这帮人每天蹲在自己的田地间“玩”得不亦乐乎。于是，“种田”的种子在他心里慢慢地生根发芽。“从寻找一片干净的土地开始”，这是他对自己的下一步工作计划。“有一片干净的土地，有吃得放心的有机蔬菜和水果。通过对土地的开发利用，

解决人们对粮食蔬菜等食品安全的担忧，满足人们对健康有机食品的需求”。新昌县的田间地头，于是又多了一个穿着白T恤和牛仔裤的文艺青年。他会跟着协会的兄弟们一起在田间研究小麦的生长、一起学习耕地的技巧，一起体验割稻种菜的快乐。他表示，在投入每项工作前，都要让自己学会这个工作并且热爱这个工作，在不久的将来，我们或许会看到另一个杨钱钱。

田园是一张信纸，他要用双手在信纸上写一封给大地的情书！

第五章

乡村综合篇

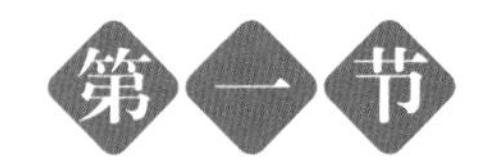

宋莹莹——“千亩桑田”中蹚出一条新丝路

“小朋友家里有没有蚕丝被啊？蚕丝被就是用蚕宝宝吐出来的丝制作的。”新昌县澄潭街道的华兴桑业专业合作社里，热闹的研学课堂上，宋莹莹正在为前来研学的小朋友介绍桑蚕文化。

宋莹莹，1989 年出生。现任新昌县澄兴农业发展有限公司董事长、新昌县华兴桑业专业合作社总经理、新昌县农创客发展联合会副会长，打造了新昌县规模最大的一家集蚕桑种养、水果生产经营为一体的科普示范基地。

在故乡的土地上，宋莹莹坚守了 11 年，也奉献了 11 年。凭借着一股子钻劲，她硬是从一个稚气未脱的大学生“门外汉”，变成了种植果桑高手和带领村民致富增收的农创客。

丝缘：回国创业“破茧而出”

江南四月，莺飞草长，恰是蚕农“好花时节不闲身”。一场春雨过后，新昌县澄潭街道宋家村的桑树已长到一人高，在雨水的滋润下，“千亩桑田”显得更加翠绿油嫩。

“对我而言，桑园不仅是一种记忆，更是一种情结。”早上 6 点，天还没亮，宋莹莹就出门了，每天她都要去地里看看自己的桑树。而她与蚕桑产业的结缘，要从父亲的返乡创业说起。

宋莹莹的父亲原本在做矿产生意，2007 年，他返乡创业回到宋家村，成立新昌县华兴桑业专业合作社，承租了宋家村及周围 1 200 多亩田地，前后共投了 3 500 万元，打造了“千亩桑田”，用一棵桑、一条蚕、一粒茧带领村民再就业。父亲造福桑梓、助农惠农的情结如一颗种子，种在了宋莹莹的心里，生根发芽。

2013 年，宋莹莹从英国斯特林大学毕业回国，在父辈的影响下，她毅然放弃一线城市的工作与生活，义无反顾地选择回到家乡，投身那片熟悉的桑叶地，扎根农村，成为一名骄傲的“农二代”。

这是一场“薪火相传”的仪式，也是一场属于新农人的时代大戏。宋莹莹一面扎进种桑养蚕学习技术，桑叶采收期的夏日炎炎里，同龄的姑娘都躲着烈日的时候，宋莹莹在追逐日光，研究土壤与枝形，寻求科学的种植技术；另一面，她也积极学习合作社的经营管理，参与管理、亲自配送、尝试直播，引入新理念、新方式、新事物，将心血和汗水挥洒在宋家村的山间地头，顶着创业前几年资金压力、销售产量、市场反馈的三座大山，宋莹莹凭着执拗与拼劲，从“海归”姑娘变成了村里的“农技师”“园艺师”。

“很多创业者才拼了两三年感觉没起色就放弃了，我不希望自己是这样。无论是对自己对家人还是对村民，以一个负责任的态度，一直保持着奋斗的状态，不忘初心。”宋莹莹始终相信勤能补拙，在她看来，只要自己扎根农村，苦学苦干，就一定能够做出成绩。

丝变：果桑融合“蝶变跃升”

新昌县是浙江省重点蚕茧县之一，蚕桑种养历史悠久，是县域农村经济的一项骨干产业，也是农民的一项重要经济来源。然而，近年来，随着棉纺、化纤等原料逐渐兴起，蚕丝需求越来越少。宋家村，曾经的蚕桑大村，如何谋变？合作社又该何去何从？

2014年，宋莹莹经过多方调研考察学习，说服父亲和合作伙伴，毅然决定跑向“新赛道”——走农产品“深加工”路线。为了扩大产品线，她和合作社员工远赴异地学习手工蚕丝被制作工艺，一起开设实践课程，不断优化桑树种植修剪，提高蚕茧产量，探索桑蚕品深加工产业。

同时，宋莹莹在现有的桑园基础上，开辟200多亩果园。蓝莓、桑葚、水蜜桃……水果等身影开始跳跃在宋家村的山头。通过优化品种布局、控产提质、绿色防控等技术应用，宋莹莹不断提高良种覆盖率、蓝莓果品质量。

如今，合作社每年可生产优质蓝莓鲜果50余吨、鲜茧10余吨，手

工蚕丝被、蚕丝枕 10 000 套，桑叶茶 1 余吨，蓝莓果酒 1.5 余吨。蓝莓鲜果更是在 2019 年浙江省知名品牌农产品展示展销时令农产品中荣获金奖，蚕桑丝织制作技艺被录入新昌县非物质文化遗产。

步履不停，以品牌化，实现合作社的进阶发展，宋莹莹紧接着又成立了新昌县澄兴农业发展有限公司，注册农产品商标“龙亭山”“云桑田”。同时，坚持创新蚕桑产业为本，在推出手工蚕丝被、蚕丝枕和桑叶茶等新农产品的同时，开展多元化开发利用，推动产业健康可持续发展，成立“蚕桑文化馆”。

丝路：直播网销“化茧成蝶”

年轻海归的回归，不仅为传统桑蚕产业注入新活力，更带来了新发展机遇。

原本，父辈的蚕桑产业经营方式里只有门店或者客户上门咨询，销量有限，影响力也局限于附近乡镇，几乎没有县外的客人来选购，很大程度上制约了产业发展。

身为一名“海归”大学生，宋莹莹有着远强于父辈的互联网触觉。回乡创业后，宋莹莹不断思考着如何打破父辈经验的瓶颈，打响自家品牌打响。如火如荼发展的“互联网 +”成了首选。

自 2016 年以来，宋莹莹积极转变传统的经营模式，开拓“互联网 + 农村电商”的经营模式，在微信、抖音等自媒体上进行广泛宣传，将健康水果、舒适家居等概念引入销售中。并与知名“三农”短视频内容创作者合作，打造共富直播基地，推动蚕桑文化、水果采摘发展，通过线上直播平台，展示和销售各类优质农产品。合作社的产品，坐

着“互联网 +”的快车，销往全国多个省份，甚至远销美国等。

2022 年，央视农业频道主持人专门来到合作社，拍摄纪录片《蚕宝宝的一生》，视频先后在央视、抖音、哔哩哔哩等多个平台亮相，迅速聚集了一波流量，合作社知名度越来越高，不少网友纷纷在线上下单。

“线上”风景独好。如今，宋莹莹的桑蚕事业插上了“互联网 +”的翅膀，迎风高飞，经抖音的同城直播引流等方式，水果桑葚、桑叶茶、蚕丝被等产品的销售半径和销售额迅速扩大，广受欢迎。

在粉丝经济的强大生命力支持下，宋莹莹的销售模式创新也按下快进键。一时间，“最美创业女性”“金绿领”等荣誉纷至沓来，她的创业事迹还被中国新闻网、学习强国等多个知名媒体平台报道。

丝兴：做深产业“振翅高飞”

一根蚕丝，百转千回。新昌县的丝绸文化源远流长、熠熠生辉。历经百年洗礼，不仅“一片桑叶”“一根蚕丝”依然活跃在人们的日常生活中，古老的蚕桑产业也走出了一条蝶变之路。

在育蚕房里，游客们近距离观察“熟蚕上山”吐丝全过程；在蚕丝被制作间里，各种款式琳琅满目；在展示柜上，创新的桑蚕手工艺品叫人称赞不已……2023 年开始，宋莹莹就抓住“研学游”的潮流，与新昌县中医院、新昌县读书联盟、青少年活动中心、相关中小学等对接，开展公益“研学游”活动，让来这儿的广大中小学生在亲身体验中增长知识，感受蚕桑文化的魅力，同时培养观察、探究和合作能力。

同时，宋莹莹还联合市、县农创客联合会，推出“认养一只蚕”活动，邀请小朋友走进桑蚕世界，了解到蚕的基本知识，如生命周期、饲养方法等，全程了解蚕的生长过程。

宋莹莹在广阔的农村实现了自己的价值和创业理想，也收获了自己创业路上的鲜花和掌声。近年来，宋莹莹先后荣获 2022—2023 年度基层农技推广“鲁冠球农业科学奖”先进个人、绍兴市青年助力乡村振兴带头人“青牛奖”、绍兴市首批“乡村工匠”、新昌县“优秀高素质农民”等荣誉。她的创业项目在绍兴市优秀农创客创业创新擂台赛中获得二等奖，在第十四届绍兴市大学生创业创新大赛中获得共富组第二名。

新昌县华兴桑业专业合作社也荣获了“浙江省示范性农民合作社”、浙江省高品质绿色科技示范基地、被列入经特作物体质增效新技术示范点、浙江省信用 AA 级农民专业合作社、浙江省知名品牌农产品展示展销会金奖、市级美丽果园、绍兴市农业科普示范基地、澄潭街道“乡贤助乡兴”同心共富实践基地等荣誉。

值得一提的是，2023 年，宋莹莹还作为绍兴市 10 名入选青年之一，成功入选 2023 年度浙江省“百名青牛候选人”名单，用自己的事

迹打动更多年轻人投身乡村事业。

宋莹莹说：“我生长在这片土地上，在这里，我首先想着就是怎样帮助身边的乡亲，让他们多一些收入。其次，就是怎么样把宋家村的潜在价值挖掘出来，不负这一片青山绿水。”她积极探索多种助农模式，目前基地累计为 1 300 多户村民提供家门口就业岗位，每户年均收入 3 万～5 万元。

如今，宋家村的“千亩桑田”成了网红地，宋莹莹也成了一名网络达人，但是她始终坚守着她那一份初心，一份回报桑梓、助农惠农的初心，一如她的父亲当年在她心中播撒下的返乡情结！

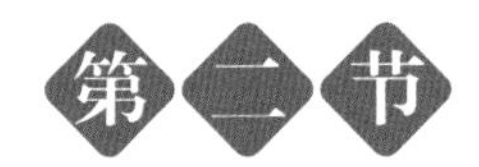

程晓林——“保姆式”托管服务，谱写乡村“共富曲”

在新昌县，有着这样一群逐梦青年，他们一心扎根基层，活跃在乡间小路、田间地头，以新理念、新知识、新技术掀起乡村发展的新潮流，用自己的行动唱响乡村振兴的青春赞歌，他们有着一个响亮的名字——农创客，绍兴青荷农业科技有限公司总经理程晓林就是其中一员。

弃商从农，从门外汉到行家里手

绍兴青荷农业科技有限公司是基于历史背景与时代需求下应运而生的农业专业化服务组织。程晓林出生于农耕世家，农村特有的民风乡情赋予了他乐观豁达的个性，2012 年大学毕业后，在上海打拼，从事电商行业，也赚到人生的第一桶“金”。但他始终认为，农村是一片广阔的天地，会大有作为。

有着家乡情结的程晓林，他下定决心毅然改行弃商从农，令不少亲友费解、冷嘲热讽。他不顾家人的反对，踏上返乡路，投身三农，开始创业，2020 年 7 月，注册创办了绍兴青荷农业科技有限公司，融合“农资 + 农机服务 + 互联网”的创新模式，配备无人植保机，并考取无人机飞防资质证书，从事绿色防控、专业植保、农资批发零售等社会化服务。

飞防植保作业是一个系统工程，不仅要掌握熟练的操作技能面对复杂丘陵地形地貌，也要有识别病害、用药配比等方面的专业知识，才能起到喷施最佳效果，程晓林孜孜不倦地向植保专家指教，加强自身学习和训练，并积极参加各类农技培训，高农业技术水平和业务应用能力。通过不断努力，程晓林从一个对农活一窍不通的“门外汉”，蜕变成懂技术、善经营、会管理的“行家里手”。

随着农用地块整治的展开，加上飞防植保作业程晓

林亲力亲为，与农户紧密对接，不断优化无人机作业流程，越来越受到农民、合作社、家庭农场的认可，飞防业务提增，从水稻、茶叶、水果等农作物防治作业拓展到加拿大一枝黄花整治、低空经济+运输等领域，大幅度提高生产效率和水平，助力当地农业的发展，取得了良好的经济效益和社会效益。

程晓林抓住机遇，敢于尝试，敢于创新，充分利用植保无人机飞防优势，抛去“面朝黄土背朝天，一身力气百身汗”的传统农业固有标签，将绿色防控与统防统治相结合，开展线上线下对接服务，赋能农业产业发展和升级，让农业生产管理既轻松高效又节能环保，保障农作物丰产、农户增收。至今，有植保无人机20台，机械技术能手10余名，已在全省50多家茶园、100余家大小粮食种植户及多个整镇、整村开展服务，飞防作业服务面积每年平均在5万～8万亩。同时，协助新昌县各乡镇农业基地安装杀虫灯、粘虫板，喷洒生物农药、土壤采集检测等工作，共装杀虫灯500余盏，覆盖面积2万亩，采集土壤检测2 000余个点位，改良土壤5 000余亩，成了真正意义上的新农人、农创客。

更难能可贵的是程晓林还热心公益，是七星街道的一名义务森林消防员，参加各类消防救援和消防演练活动，并担任新昌县民兵组织侦察三班副班长。

立足“三农”，争当科技兴农“领头雁”

夯实共同富裕产业为基础，促进农民持续增收是关键，这不仅需要有高远的战略视野，更需要有扎根乡村的热情和温度。程晓林在不断深耕农业板块时发现，新昌县许多茶园位于丘陵山地、种植坡度大，人工成本高。多年来，茶农只施肥不翻耕，导致茶园土壤板结。针对这些情况，程晓林积极推进农业“机器换人”，购置20台装载北斗终端，能在平地上自动驾驶的茶园掘耕机，推广施肥、掘耕作业服务。

新昌县作为全国产茶大县、中国名茶之乡，茶叶是新昌县农业的主导产业、支柱产业和富民产业，在

这片小小的茶叶上饱含了 18 万农民对美好生活的期盼。施肥、翻耕是茶园管理的重要一环，有了这些耕作机不仅节省人力，而且操作精准，有利于进一步改良山地茶园土壤、提升茶叶品质、降低人工翻耕成本，提高农业生产效率、破解资源环境约束的必由之路，助力新昌县茶产业可持续高质量发展。

没有农业机械化，就没有农业现代化，农机机械装备是转变农业发展方式、提高农业新质生产力的重要基础。程晓林秉承向科技要空间、向机械要效率的发展理念，深入实施科技强农、机械强农“双强行动”，寻找志同道合的朋友，抱团发展。并结合当地产业优势，组建添置了收割机、插秧机、拖拉机、旋耕机、翻耕机、烘干机等农机器具，大幅度提高了农业新质生产力，为现代农业生产提供多方位支持、全过程服务，实现农事耕、种、管、收、烘等一系列服务，形成一体多元发展的新格局，为乡村振兴、农业高质量发展提供新动能、新支撑。

五月的风，迈过田野，成熟的小麦麦浪翻滚，空气中弥漫着麦子成熟的清香。在新昌县（澄潭街道左于村）的麦田上，程晓林和他团队的伙伴们正在托管作业。在阵阵轰鸣声中，收割机开足马力，在金灿灿的麦田里来回穿梭，脱穗、分离、除杂、装车等工序一气呵成，勾勒出一幅“藏粮于地、藏粮于技”的生动画面，让农业科技转化成新质生产力。同时，程晓林还可提供麦粒烘干服务，为小麦收割加上了一道“保险”，解决阴雨天气出现小麦倒伏、发霉、发芽等后顾之忧，让传统农业向智慧农业美丽蜕变，为新昌县农业农村高质量发展提供农业技术支撑。

公司充分发挥农业机械装备作业能力，从先前的农业飞防服务延伸到农业产业链托管业务，贯穿产前、产中、产后等各环节作业的“保姆式”托管服务，着力提高农业综合效益和竞争力，降低生产作业成本，解决生产效率低下等问题，让农业节本增效，实现从田间到“指尖”“数字＋智慧”的农业新时代。

智启未来，引领农业共富新篇章

数字发力，辐射带动作用并不止于一点一域，而是全面出彩。多年来，程晓林用实际行动生动诠释青年投身乡村振兴的责任担当、青春激情和奉献情怀，在乡村振兴大舞台争当排头兵和生力军。他经营的公司荣获了绍兴市农资经营示范店、绍兴市绿色生产社会化服务特色典型等荣誉。他个人担任了绍兴市农业青年创业联合会副会长、新昌县农创客发展联合会副会长，同时也荣获了绍兴市青牛奖、县金绿领、县优秀高素质农民、县十佳农创客及“丰岛杯”农业农村创新大赛三等奖等荣誉。

无数字，不未来。在乡村振兴征程中，离不开农业各种数智化技术和设备，不断激发数智化农业的潜能，激活乡村美好生活的幸福潜力，让农业更强、农村更美、农民更富，彰显出农业盎然生机。青荷农业科技有限公司正昂首阔步、步履铿锵，以“千万工程”创建美丽乡村为基础，契合“小县六大”发展战略，推动生态农业与生态保护深度融合，创新奋进，以农创客推动构建新昌县高效生态农业蓬勃发展，做大做强主体培育，在数字农业的浪潮中奔涌前进，焕发新的活力，助力农民实现生态致富，为全县生态经济发展注入强劲动力，全力绘就新昌县美丽乡村的全新画卷。

陈祖堂——青山绿水间书写振兴梦

陈祖堂，2014 年创立新昌县英杰人力资源有限公司，历经十载春秋，他引领团队茁壮成长至 3 500 余人的规模、年总产值突破 3 亿元的现代化企业。

他也是一位心系乡土的农创客，怀揣对广袤农田的深情，2021 年，陈祖堂踏上了投身绿色农业的征途，创立新昌丰艺生态农业有限公司，以深厚的农业情怀和坚定的共富信念，编织出覆盖乡村文旅、智慧农业、研学教育等多元领域的宏伟蓝图，在翠峦碧水间勾勒出一幅乡村振兴的壮丽图景。

秉承强农情怀的追梦者

在东茗乡金山村的温柔初夏里，一片片番薯地织就了生机勃勃的绿毯，轻风中番薯叶翩翩起舞，预示着丰收的甜蜜与希望。这抹“茗香小薯”的甘甜，不仅是自然的馈赠，更是新乡贤陈祖堂引领乡亲共筑的甜蜜事业。

曾是人力资源领域的领航者，亦是一位走遍华夏的“背包客”，陈祖堂在事业上升之时，却对乡村的荒芜田地萌生了深切关怀。“一开始，我就想让员工能有个地方工作之余放松放松，增进团队感情。”2021 年，陈祖堂接受了东茗乡政府递出的“橄榄枝”，正式启动了“丰艺农业金山上”项目，投资 800 万元，以创新的“企业 + 基地 +

合作社 + 农户”模式，通过流转聘用、股份合作、订单合同等机制，和村集体经济组织以及农户分享产业的增值收益，激活了金山村的番薯产业，让“茗香小薯”不仅香甜于口，更成为响亮的品牌。

事实上，在初始阶段，村民们并不接受这种“合作”。“地给了他，我们这几年种什么？”“我们不在乎这几千元租金！”……施工、拔草、种植，频频遭到村民阻挠。陈祖堂说：“我就和村书记赵斌锋一次次上门做思想工作，日常生活中，雨天为农田里干活的村民送雨衣、口渴了送水，给进城的村民捎上一程，帮干活的老人买保险。”动之以情，晓之以理，村民们渐渐同意了陈祖堂的方案，“到后期，有些年轻人仍不同意，他们的父母还会帮我们说话。”现在，基地有了收成，村民看到了实实在在的创收，也更放心把土地交给陈祖堂了。

“种植是很辛苦的事，会发生很多意想不到的事情。但我的脚跨进来了，就不会轻易退缩。”自投身农业领域以来，陈祖堂经常深入田间地头。他说：“虽然种植业要面临的突发情况众多，譬如自然灾害、病虫害侵袭、市场价格波动、政策调整等各个方面。”但一路上，陈祖堂并没有放弃，而是愈挫愈勇，认真分析，找对策，寻出路。

他常年奔走在科研院所与基地之间，寻找和探索农业发展的各项新技术，用自己的方式进行推广。2021年起，陈祖堂与浙江省农业科学院深度合作，引入了5万株优质种

苗，50亩的“茗香小薯”试验田亩产商品薯高达500千克，直接经济效益达50万元。

近年来，陈祖堂以东茗金山“茗香小薯”基地、沃州高来网红稻田等一处处风景，开启了农业振兴的崭新篇章，他也逐渐且深深地爱上了农业与农民。

秉承爱农、兴农、强农的情怀，陈祖堂在农业这条路上越走越远，被评为浙江省乡村产业振兴带头人，其所打造的丰艺生态农业公司，也在累累硕果中赢得了诸多荣誉。绍兴市首批“农创共富”基地、绍兴市中小学生劳动实践基地、绍兴市农业创业联合会理事单位、新昌县新时代文明实践点、新昌县十佳农创客基地、新昌县新的社会阶层人士创业基地、新昌县青年人才创业孵化基地、侨创客基地……成为新昌县乃至全市农创共富的闪亮名片。

打造“诗和远方”的耕耘者

在东茗乡的青山绿水间，一幅幅农文旅融合的新画卷正徐徐展开，陈祖堂以其独到的眼光与情怀，将个人梦想深深嵌入乡村的振兴与共富愿景之中。依托得天独厚的自然资源与丰富的农特产，他不仅深耕现代农业，更巧妙地将“营地＋田园”概念融入发展战略，为传统乡村生活添上了旅游的翅膀。

2023年，借力露营热浪，陈祖堂在穿岩十九峰脚下开创了金山村“大爿西坡”露营与团建基地，不仅搭建起人们向往的“诗和远方”，更化身为农耕文化教育的生动课堂。春播、夏种、秋收、冬藏，每一季都化作一幅幅鲜活的教学画卷，吸引着数以万计的学生与游客前来，深入体验传统农耕与现代技术的和谐交融，感悟大地的脉脉温情与农业文明的深邃智慧。

在这里，传统节庆的韵味与民族风情的魅力交织成一幅独具特色的文化画卷，从“捣麻糍”到“少数民族联谊会”，每一次的活动都是对中华乡土文明的深情回眸与传承。短短一年间，游客与研学人数的激增见证了这一模式的成功，国庆期间的火爆更是让人欢欣鼓舞。

更为重要的是，陈祖堂通过“文化＋游学＋教育”模式的持续探索，不仅丰富了乡村旅游的内涵，也为当地村民创造了前所未有的就业与增收机会。“以前，村民找不到80元一天的工作。现在，我们出150元一天还招不到村民。”这种甜蜜的烦恼正是乡村振兴最真实的写照。

截至2023年年底，该项目直接为当地创造了15个稳定的长期工作岗位，而在农作物播种与收获的繁忙季节，这一数字更是增至60多个，为周边村民提供了宝贵的就业机会，累计发放的务农工资超过90万元，进一步提升了村民们的收入水平，改善了他们的生活质量。这不仅是经济上的直接助力，更是对农村人力资源的高效整合与利用，实现了劳动力从传统耕作向现代农业转型的无缝对接。

陈祖堂的脚步坚定不移，其农业领域的版图已延伸至沃州镇高来、沙溪唐家坪、界牌岭等多个区域。他致力于水稻种植的深耕细作，迄今已累计托管土地面积超过700亩，同时尚有700亩的土地项目正在稳步推进之中。

陈祖堂深信农业的发展离不开农业技术的创新，离不开产业结构的优化调整。新昌县是典型的山区县，耕地主要呈梯田形分布，难以开展大规模机械化操作，陈祖堂就紧跟时代发展步伐，锚定现代化农业的目标，积极探索全程机械化、工厂化种植和稻渔共养等模式，引进国内外先进的小型农业机械设备，如智能播种机、高效收割机、精准施肥机等，并计划采用先进的温室技术和数字化设备，实现番薯育苗和蔬菜、草莓等作物的多层种植。

助推乡村共富的实践者

在广袤的田野上，陈祖堂以一腔热血和创新精神，带领丰艺生态农业公司描绘出一幅现代农业与乡村共富的生动画卷。

陈祖堂不仅是一位成功的创业者，更是一位无私的引路人。他采用“基地示范 + 全程辅导 + 统一购销”的模式，无偿分享优质种苗与宝贵经验，带领农户实现番薯产业的转型升级。在他的努力下，迷你小番薯不仅价格翻倍，产量亦显著提升，为地方经济带来了超过 2 000 万元的社会效益增长，真正实现了从田间到市场的价值飞跃。

在追求经济效益的同时，陈祖堂不忘回馈社会，热心公益事业。他心系“双拥”，通过捐赠自产农产品和提供研学机会，向退伍军人及军属传递温暖。截至目前，带动退伍军人就业 30 人，解决残疾人就业 40 人，低保人员 24 人，其中 2 名退伍军人在其帮助下成功创办露营公司，成为创业典范。

为了更广泛地带动乡村就业，陈祖堂发起的“家门口就业工程”如同一股春风，吹遍新昌县的每一个角落。通过“大篷车下乡”活动，直接将工作岗位送至农户门口，有效缓解了农村剩余劳动力就业难题，五年内促成近 4 万人次的就业对接，惠及众多企业和家庭。

2024 年，陈祖堂积极响应政府号召，参与建设“零工市场”，在澄潭街道、回山镇、东茗乡、羽林街道、七星街道等多个乡镇（街道）铺设起一张覆盖广泛、服务周全的就业保障网络，为农村劳动力特别是低收入群体提供全方位的就业服务，从技能培训到权益保护，无微不至。

同时，作为新昌县政协委员的陈祖堂，始终秉持严谨、务实的态度，面对面倾听村民们的真实心声与迫切需求。他积极发挥政协委员的参政议政作用，积极为农业企业的健康发展贡献智慧与力量，不断呼吁并推动相关部门加大对农业基地建设的补贴力度，出台更具针对性的农业龙头企业扶持政策。

陈祖堂的故事，是“兴农人”以实际行动助推乡村振兴、共富梦想的生动例证。他用自己的智慧和汗水，铺就了一条农民增收、农业增效、农村繁荣的康庄大道，成为新时代乡村变革的助推者与实践者。

从“农”而来就要为“农”而去。“创业的路并非一帆风顺，虽然也曾遇到种种困难，但在各级党委、政府的关心支持下，公司发展得越来越好。”陈祖堂表示，未来他将继续发挥政协委员的积极作用，继续在农业领域深耕，更加注重人才队伍建设，培育更多“农业精英人才”，带动更多农民增收致富，为乡村振兴提供有力的智力支持和科技支撑。

第四节
徐锋——扎根乡野勤耕耘，服务农创再添翼

徐锋，1989年出生。大学毕业后就来到绍兴市从事知识产权服务，现在是绍兴锋行知识产权代理事务所主任。在绍兴市工作期间，通过团队的共同努力，服务了上千家企事业单位和更多的专业技术人员，也因而拥有及获得了许多技能、荣誉和社会兼职：包括国家专利代理师、浙江省技术经纪人、浙江省专利代理人协会理事、浙江省专利代理人协会数字经济专业委员会副主任委员、浙江省首批知识产权保护技术调查官（首批）、浙江知识产权库专家、绍兴市知识产权库专家、绍兴市知识产权纠纷人员调解委员会兼职调解员、中国国际商会绍兴调解中心涉外商事调解员、绍兴市创业导师、越城区锋行知识产权技能大师工作室领办人，绍兴文理学院元培学院创业导师、共青团越城区委员会创业就业部负责人（兼职）、共青团绍兴市越城区富盛镇兼职副书记，荣获2021年度绍兴市青年岗位能手、2022年度浙江省青年工匠和2023年越城区技能大师称号，同时也是绍兴市农创客发展联合会副秘书长、绍兴市越城区农创客联合会创始会员和知识产权顾问。在众多的头衔和荣誉面前，徐锋觉得最有价值的还是他跟市、区两级农创客组织的紧密合作。

科技创新知识产权护航：现代农企的双翼腾飞之路

说起徐锋跟农创客的缘分，大概六年前，通过绍兴市农创客发展

联合会，他和许多会员企业负责人经常一起见面，畅谈经营之道。大家普遍觉得现代农业不能走传统农业的老路，应该运用高科技手段赋能农业，运用电商渠道拓展市场，而出于自身职业的敏感我更多强调的是运用知识产权打响农产品的品牌和品质。那种酒香不怕巷子深的思路在物品紧缺的年代还有一定道理，但是在商品经济繁荣、市场日益多元化时代，酒香仍需多吆喝。好的农产品如果不加以包装，仍然混同于普通产品，内在的价值就无法体现。现代农业企业必须打响自己的品牌，这样才能在激烈的市场竞争中占得一席之地。

认准了这个思路，徐锋觉得作为知识产权服务机构就应该积极投身现代农业，如果说现代科技和创新是农业企业起飞的一个翅膀，那么利用知识产权的商标、专利进入和拓展市场则是另一个翅膀，两个翅膀齐心协力，才能保证企业腾飞。为此他不断接触农创客的有识之士，不断宣传知识产权对于现代农业的价值提升作用，最后终于赢得了绝大多数农创客的理解和认同。

有了共同的认识，接下去的工作开展就比较顺利，近五年，锋行所积极为绍兴吼山生态农业发展有限公司、绍兴润心农业科技有限公司和浙江丰岛食品股份有限公司等几十家农创客单位提供专利、商标、数据知识产权、浙江省科技型中小企业和星创天地等一系列赋能服务，极大地提升了被服务企业的知名度和产品美誉度，为企业打开和拓展市场提供了强有力的支撑。

共创繁荣：打造新型农产品区域品牌助力会员企业共享发展

2021 年绍兴市越城区农创客发展联合会正式成立，徐锋成为该会的知识产权顾问，这更使得他坚定了服务现代农业的信心。他跟联合会领导提议共同打造越城区的农创客公共服务品牌，最后经领导专家共同商定，正式注册并打出“越州青农”这个品牌，为众多会员企业所共同使用，也让越城区的现代农产品有了一个光鲜亮丽的出生证。

越城区农创客发展联合会成立以来做了大量接地气的工作：近年来开展“农产品走进机关食堂”、开设“越州青农”农产品品牌体验店、举办“越青市集”、开展各类培训交流会、走访越城农业基地等农业相关活动；升级农创客乡村人才产业园，提升服务质量，为会员单位带来更多的创新创业新模式，提供一批可复制的创业经验；打造农播基地，培育农创客和农民主播，帮助农户带货提高销量。未来，联合会计划打造一系列有特色的越城农产品，不断凸显产业特色、发挥品牌优势。作为会员单位和顾问，徐锋几乎全程参与了协会的所有活动。他认为在这个过程中提高了自身能力，实在是受益匪浅。

同行曾问徐锋为什么要紧盯着农创客这个小众的服务对象，为什么不花大力气去与更大型的工贸企业打交道以便获得更高的收益？他回答其实这跟自己喜欢农业有关，在跟农创客会员接触时感受到了广大青年农创客在各自领域创新创业的激情，这与他自己的创业历程相契合，加之农创客对知识产权认知度高，很快就和这群青年成为了朋友，相互鼓励，共同发展。为此他一直坚持用自己专业的服务去帮助农创客树立企业形象，提升产品品质，在各种场合各种渠道宣传农创客精神、农创客产品，取得了较好的社会反响。也帮助很多家农创客公司建立了包括商标和专利在内的知识产权体系。许多原来毫无名气的农产品经过宣传包装和注册商标等外

加服务，知名度获得了明显提升。虽然在其中收获的经济利益也许不多，但是精神的愉悦和成就感却是非常的巨大。

激发创新潜力：知识产权教育与现代农业乡村振兴的交汇点

从事知识产权领域工作 10 多年后，徐锋也发现了一个问题，大量农家子弟考上大学后面临就业难的困境，而现代农业发展亟须大量具有进取精神和现代知识的年轻人深耕细作。如何把上面两大难题化解，他的理解就是帮助现代大学生树立正确的择业观。为此，徐锋跟浙江工业职业技术学院，绍兴职业技术学院等高校联系，在各高校开设知识产权讲座和课程，在讲座中、讲授知识产权的基本常识和专业知识，同时常常见缝插针动员毕业生回乡创业，投身现代农业。这恰恰就是绍兴市越城区农创客发展联合会的宗旨：带动更多的大学生回到农村，扎根农业，深耕乡村。助农共富，为乡村振兴贡献一份力量。据初步统计，听过讲座后有几十名同学表示毕业以后要回家乡做新一代的科技型农人。

目前由徐锋牵头的在绍高校知识产权选修课程已经累计完成四个学期，其中浙江工业职业技术学院已开展两个学期的选修课，绍兴职业技术学院开展完成两个学期选修课程。有望通过团队的努力，让在绍学生了解一门课堂以外的社会课程，了解知识产权技术创新相关法，尤其是专利法、商标法，学会检索和申请商标，了解专利法基本知识，学会基础检索专利分析，看懂专利和撰写专利文书，为绍兴本地企业和服务机构输出知识产权人才，也为新农村建设准备更多的后备人才。

知识产权助力现代农业转型升级：创新驱动下的绿色革命

习近平总书记在中国共产党第二十次全国代表大会上的报告中对知识产权的重要性进行了专门论述，各级政府也把普及和推广知识产权重要性的工作作为民族振兴科技进步的主要举措。徐锋在兴奋之余也感觉到，知识产权工作只有紧密服务于地方经济发展，服务于乡村振兴才有更加美好的前程，所以他把锋行所的工作定位为竭诚为绍兴市的企业做好知识产权方面的各项服务，并逐步延伸到相关科技型企业申报等相关领域。而他乐此不疲的还是跟农创客会员企业紧密合作，共同为现代农业发展，为乡村振兴的美

好未来一起努力。

“长风破浪会有时，直挂云帆济沧海。”在接下来的工作当中，相信徐锋将继续专注于做好本职工作，在帮助提高企业知识产权创造、运用、保护和管理能力，强化企业知识产权战略布局，提升知识产权质量，引导知识产权创造主体从注重知识产权数量向注重质量转变，更好地发挥科技创新作用等方面贡献自己的一份力量。同时积极履行社会责任，爱国敬业、守法经营、创业创新、回报社会。

第五节

赵逸飞——飞行农场：退役大学生的绿色梦想与农业情怀

赵逸飞，1998年出生，浙江省绍兴市人。中国人民解放军战略支

援部队退役，浙江大学2023级新农村发展研究院农业研修班成员。农业农村部财政部“头雁”培训项目人员、浙江省乡村产业振兴带头人、现任绍兴亿飞未来家庭农场场长、浙江逸庐农业发展有限公司总经理、杭州亿飞未来科技有限公司总经理，中国民航局无人机教员兼机长、AOPA国际航空器拥有者协会会员。杭州团市委青创部“未来之星”培养成员、绍兴市越城区第十一届共青团团代表、绍兴市越城区农创客联合会会员、绍兴市越城区农业创业之星。他的农场被评为绍兴越城区示范性家庭农场、无人机农文旅基地、民航绍兴无人机培训基地，青少年无人机教育基地。农场拥有田野无人机实训教室，里面摆放各代农业无人机。基地用于无人机教育、高科技农业研学活动，让青少年走进大自然，走进现代农业，体验现代农业科技带来的便利。

投笔从戎历艰苦，归乡满怀志创业

2016年赵逸飞踏入大学校园，大学第一年因为没有了高中的压力自由躺平，也对未来的人生充满着迷茫，大一结束之后，他回忆了这一年的经历，反思了这一年成长得失，认为再这样发展下去，人生注定碌碌无为。他决定改变，要去部队改变，去锻造磨砺自己的内心。2017年他离开家乡，来到了部队，开始了新兵连三个月魔鬼般的训练，这三个月高强度的训练不仅锻炼了他的身体素质，更塑造了他的意志和毅力。战友们紧密的合作与相互扶持，也让他学会了倾听和尊重他人意见，懂得了团队协作的重要。三个月的训练让他逐渐从稚嫩走向成熟，为他未来的发展奠定了坚实的基础。之后下连队他被分配到了技术岗位，从事卫星测绘无人机相关工作。

时光匆匆，两年的军旅生活结束了，回到地方复学之后，他看准了无人机这个新兴行业，燃起了创业的激情，在上学的同时，他开始做起无人机领域的创业，先后从事无人机影视服务、教育服务，再到成立杭州无人机科技公司，之后他考取成为中国民航无人机机长和教员，入选杭州市团市委“未来之星”培养成员。本来打算一直从事无人机行业的他在一次返回家乡之后改变了想法。

启航农业新时代，探索新时代新篇章

2021 年春，一次返回家乡在田间散步的时候看到村里在干农活的都是 60～80 岁的老爷爷，他们背着传统的喷雾器慢慢地作业，他意识到农业从业人员老龄化已成为当前社会的普遍现象，而当今世界格局演变加剧，粮食安全更是我们国家的“重中之重”，必须要有更多年轻人从事现代化农业生产。于是他结合部队里的经历，以及掌握的无人机技术，决定引进农业无人机，建立飞行农场培训基地，吸引带动更多年轻人回到农村从事现代化高科技农业。

做出这个决定后，他于 2021 年年中返回绍兴市越城区老家，刚刚那个时候自己村里的农田在投标，他就参与了竞标，因为是暗标，又对这块土地志在必得，于是填了 1 138 元每亩的高价，当时这个价格报出来的时候，全场一片哗然，别的投标人有嘲笑的，有讥讽的，说这么高的价格百分之百要亏。虽然赵逸飞也提前调查过，问过身边的农户朋友，说水稻价格高于 700 元每亩基本上就没有必要种了，但因为对农业的热爱，又害怕错过这次机会，也只能硬着头皮填了这么高的价格，那段时间他也曾一度担心过这样的价格，后面会有巨大的亏损，但既然选择了这条充满挑战和未知的农业路，那就坚定地走下去吧。他也考虑过，这样高的租金到时候如果真亏了，那就当这三年是给村集体经济做一点贡献了。于是他卷起裤腿，双脚迈入了泥土。

赵逸飞说：“第一年种水稻，我什么都不懂，我到处请教老师傅，请教爷爷奶奶，请他们帮我把关种田步骤和时间控制，第一年种也招不到拖拉机师傅，于是我硬着头皮在网上学习各种拖拉机的知识，熟悉了几天之后开始耕田，开始几天走的路线又歪又扭，还老是陷车。500 亩耕下来，真是腰酸背痛，背上全长满了痱子，全身都是溅起来的泥土，但看着这广袤平坦的沃土，我知道接下来就交给无人机就可以了。”

接下来的无人机环节，通过测绘类无人机的数字农场 3D 建模以及他精确的计算，飞行路线的精准设计，第一年种的这 500 亩早稻田，以每亩 650 千克的产量被评为绍兴市越城区早稻高产示范方，获得了政府 2 万元奖金，那一瞬间他既有丰收的喜悦，也充满了强烈的自豪感。但是后来父母给他算了一下总账，因为高租金，最后还是亏的，给了他“当头一棒”，他在杭州的几个创业导师也来找他来沟通这个事情，其中一位老师跟他说：“逸飞啊，农业是艰难的，利润也比较少，还是回来，继续专注于你的无人机事业吧，专注一个就好。”

另一个老师说：“搞农业是风险比较大的，身边做农业的朋友，90 % 都是亏钱的。”听着老师们的建议，那段时间他也有过一丝动摇，他复盘了这一年的农业创业，最后还是决定继续坚持自己的初心做下去。

第一，他坚信中国现代农业必须要有年轻人顶上来，他不能放弃，这个年轻人放弃了，那个年轻人放弃了，未来中国人的饭碗还能牢牢的端在自己手上吗？第二，他坚信中国现代农业必须科技化、智能化，这些事情只能由年轻人来完成。第三，后疫情时代，百年未有之大变局之中，世界格局演变速率加剧，农业粮食安全更是成为重中之重，他说：“作为一名中国青年，这是我的责任，作为一名退役军人，这更是我的使命。”

融合无人机技术，开启农业三产新思路

既然一产利润不高，那就发展一下三产，2022 年他决定将农场改造成一个飞行基地。农忙后他改造了田边的一处旧房，改造成为一个无人机实训教室，里面摆放各代农业无人机，还有航拍、固定翼航模、

FPV竞速类无人机等各款飞机通通放在的基地内，并请来专业民航无人机老师来教学，依托农场空旷的天空环境，将这里打造成为一个户外飞行训基地，可以在这里学习到各种无人机，青少年可以体验各款大型农业无人机、多光谱农业无人机。让学生们在大自然环境中，走进现代农业，启蒙心中农业的“种子”。

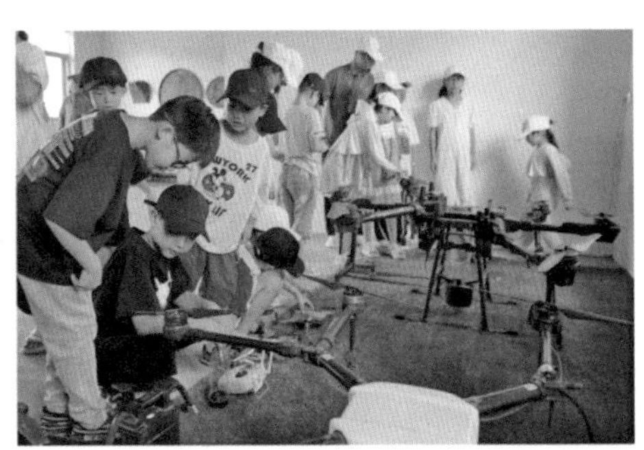

另外，固定翼航模、FPV竞速穿越无人机是国际战场上单兵最流行的作战工具，农场举办无人机竞速、无人机模拟投弹、无人机侦察发现目标等兴趣活动来培养青少年的新型科技技能，激发他们的爱国情怀与参军热情。他说：“好几个小伙子学了无人机之后都想去参军报效祖国了，也有几个是去部队之前来学习一下无人机，去了部队之后能多一项技能。”

看着孩子们开心地围着比自己个子大好几倍的农业飞机，赵逸飞开心地说：“一个年轻人做农业是不够的，通过这个飞行农场基地，我想让更多小朋友，更多青年了解到现代农业不是过去的农业，现代农业是高科技的农业，是可以开飞机、开无人拖拉机，还能锻炼身体的一个好职业，更是未来我们可以从事一生的就业方向。”

赵逸飞还有许多玩转无人机的奇思妙想，并且敢于尝试新点子，主动吸纳新技术。被农田包裹着的无人机飞行基地，他畅享着“无人机 + 各种行业”的可能性，无人机 + 稻田、无人机 + 培训点、无人机 + 研学游，等等。他闯出一条以无人机为主题的农业“三产”融合之路。

他说：“干农业虽然累，赚得也不多，但每当我坐久了，去农场干个农活两三天，就吃嘛嘛香，晚上睡得还贼好，我意识到人的动物性就是要接触大自然的。在大自然里劳作，能心情舒畅，忘却烦恼。看着这些绿油油的生命体，从很小很小到渐渐长大，颗粒饱满，再到慢慢发黄枯萎，看着一个个生命的轮回，我不禁感慨万分。大自然是一片宁静的港湾，让我能够一直找回内心的平衡和力量，乡村振兴共同富裕或许就是人类追求美好生活的向往，人与自然和谐相处的共同愿景吧。”

2024 年初，他坐在小板凳上看着这即将春耕的农场，听着雪子窸窸窣窣地洒落，回顾了这三年做农业的酸甜苦辣，不禁感慨万分，他写下了一首关于农业的诗并发布在中国诗歌网。

《农场悟道》

赵逸飞

农场耕耘间，悟道在田园。

知行合一践，格物致知寻。

观天地之大，察万物之源。

修行在尘世，明悟在心间。

第六节
冯培奇——“智慧农业”：行是知之始，知为行之成

冯培奇，1989年出生，浙江省绍兴市人，毕业于浙江工商大学，绍兴小坡孩信息技术有限公司总经理，农创客优质服务商。他在热闹的乡村氛围中度过童年，自幼对农业产生浓厚兴趣，深受农耕文化的熏陶，为农业研发共享农场系统、渔业诊断系统等智慧农业，互联网农业，信息农业产品。

以“智慧农业”为志

冯培奇在学校期间曾获得浙江省电子商务竞赛一等奖，全国首届电子商务竞赛优胜奖。毕业后，冯培奇思考如何运用技术改善农业生产，提高农民的生产效率和生活质量，便与伙伴成立绍兴星冉广告工作室，开始创业历程。工作室致力于网站定制开发、软件开发和系统开发等领域，为后续推动智慧农业发展埋下了一粒种子。2018年9月，公司正式注册成立为绍兴小坡孩信息技术有限公司，并迁址至绍兴市镜湖新区冠友电子商务智慧园。

人才作为促进科技创新、支撑社会发展建设的重要力量，冯培奇深谙其道，组织了一支有着开拓精神的团

队，年轻富有活力，它以自主客户深度挖掘技术为基点，辅以多种主流微营销方式，持续内容运营建立品牌高度，快速挖掘并精准定位意向客户，组建了三维“移动互联网营销体系”，为多年市场运作和广大企业服务的成功贡献了重要作用。最终，“小坡孩”成为绍兴市首家也是唯一一家能够自主开发的新媒体运营营销公司。

冯培奇在创业初期专注于为政府、学校、企业等机构提供软件定制开发、系统二次开发、网站小程序设计开发等互联网开发运营服务，但受到家人的影响和农耕文化的熏陶，逐渐将农业也作为业务一大重点。他敏锐抓住“智慧农业”的热点，利用物联网技术，即信息采集、分析决策、智能控制三个部分，农场主可以通过他协助开发的专业软件“易农”APP及其系统实时监控土壤湿度、气温、光照等数据，并根据实时反馈调整农业生产策略，实现精准农业管理，最大限度地提高产量和质量。该APP获得了中国高校计算机移动应用创新赛全国赛三等奖和西北

赛区一等奖，其知名度让它在农业中推广开来，配合农场本身自带的农业科技设备，实现农场实时监测农田信息，有效降低人工成本，促进农场自动化、智能化发展。

随着科技的不断进步和信息化的发展，冯培奇积极推动智慧农业和互联网农业的融合，借助大数据、人工智能、物联网等新兴技术，为农业提供更加智能化和数字化的解决方案。通过智慧农场系统和其他产品的应用，为农业生产者提供了数字化农业管理、农业生产监测等服务，助力实现从传统农业到现代农业的转变。

开发渔业病害诊断系统

春季是水产育苗的重要阶段，随着气温逐渐回升，养殖水温提高，为细菌、寄生虫等提供了更适宜的生长环境，这就导致了水中危害性因素增加，极易造成鱼类大批量的死亡，造成消耗。同时，基于环境保护、食品安全的要求，水产的病害防治一直是渔业痛点，而水产养殖的信息化也是渔业发展新趋势，冯培奇公司研发的渔业诊断系统，是渔业发展一项重要的创新成果。

渔业病害诊断系统主要功能包括水产基地查询、相关渔业病危害知识点科普普及、渔业病害问题在线发布或回复。它利用数字模型为媒介，实时对渔业生产环境、水生生物等多方面进行监测，并通过分析大数据和监测结果，帮助渔业从业者准确把握生产要素，优化水产从鱼苗、成长、成熟等养殖阶段结构。在此基础上，建立水产病害特殊数值的检测及预警体系，便于及时发现和采取适当的防治措施，保障鱼苗存活率，有效降低水产养殖生物病害的损失。

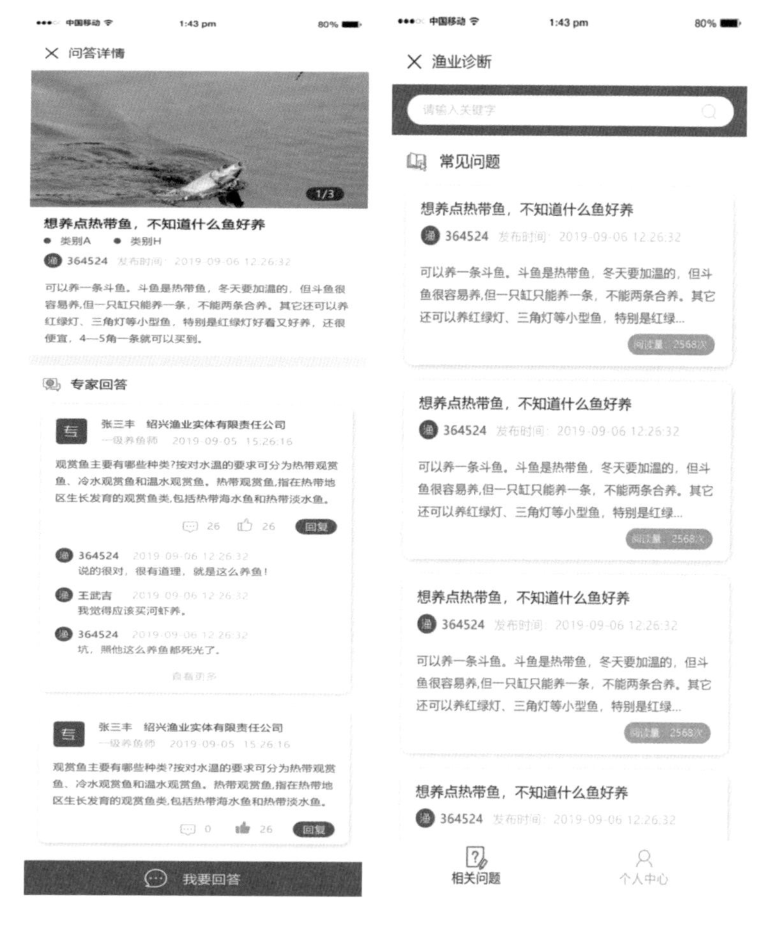

冯培奇以公司名义与绍兴市水产行业合作，并于2019年受邀参加绍兴市水产行业主推技术培训会，从互联网趋势、公众号分析、渔业诊断系统、远瞻发展四个方面阐述了绍兴市水产互联网发展的必要性。

他从近20年互联网背景剖析中，分析了现今互联网对传统行业的冲击及机遇发展，对绍兴市水产公众号应用、营销、推广，进行了详细介绍和展示并对渔业大数据概念升华，展望后续达到对绍兴市水产一线养殖户、企业的全面了解与数据信息全掌握。

对专业软件的开发和与专业协会的合作为渔业生产者提供了更加科学有效的决策支持，稳定养殖户的经济收益甚至增产增收，并为消费者带来更健康的食品。

推广共享农场模式

随着社会群众对生活和娱乐质量要求的提高，采摘体验、农民餐厅、民宿农庄等项目在农户们的精心设计和打磨下，逐渐成为乡村旅游的一大亮点。游客们可以参与到农作活动中，亲身体验种植、养殖等环节，感受古老农村生活的乐趣和乡土文化的魅力，在这样的条件下，共享农场模式应运而生。共享农场是指农庄与消费者之间形成部分资源共享的结构模式，它作为一种交易的媒介，对接了乡村资源与消费者需求，体现在消费者共享生活方式、生产资料，如农业作业体验等。

冯培奇作为农创客优质服务商，一直致力于在智慧农业、互联网农业和信息农业领域取得进步。他开始了解、学习、推广共享农场模式，成为公司在智慧农业领域的重要创新成果之一。他将农村绿色生态农产品、闲置房屋、交通工具、生产工具等用作农家乐、民宿、农事体验等活动的设施基础，并为农业企业场提供小程序系统和大数据的支持，将农产品数据、消费者数据、订单数据和汇总数据进行储存，提供精准的消费用户群体，实现农场资源整合和消费者需求结合，做到乡村资源共享最大化。

冯培奇提供的数字平台通过整合资源、优化管理，实现农业生产要素的高效利用，从而增加了农业产物或其周边产物销售渠道。这种亲近自然、体验农耕文化的方式，不仅让游客们感受到一种别样的乡村生活，也激发了对乡村文化传承的兴趣和关注，促成农业设施和消费者之间的配对，为数字化转型和智能化发展贡献力量，增加了更多经济效益。

推进农业营销手段现代化

在推动智慧农业发展的道路上，冯培奇认识到新媒体对于农业产业的重要性。他决定将现代营销手段与农业生产相结合，通过建立和运营公众号、抖音等平台，帮助农户宣传他们的农业基地，展示种植、养殖过程，向公众传递农产品的质量和生产过程，提升品牌知名度和认可度。通过利用新媒体平台进行市场推广，农户们可以吸引更多消费者，拓展销售渠道，实现更好的经济效益。

冯培奇着眼于乡村振兴的全局，深刻意识到农产品文化在连接人与土地、传统与历史之间的重要性。他深信，通过挖掘、传承和弘扬乡土文化，不仅可以为乡村注入新的活力与魅力，也可以吸引更多游客来到这片土地，促进当地经济的发展。在这个愿景的指引下，农户基地逐渐转变为独具特色的农业旅游目的地，成为乡村振兴的一颗璀璨明星。他主导开发“绍兴古城”等APP，结合绍兴旅游景点和越城特色农产品，推动智慧农业和农文旅产业的发展，为消费者提供丰富的农文旅体验信息渠道，也助力农村振兴和乡村旅游的持续繁荣。

冯培奇还将目光投向了抖音平台，利用短视频形式展示农产品的魅力和生产过程，吸引年轻人群体关注。他们制作了一系列有趣、生动的短视频内容，如农产品采摘过程、农户生活日常、农产品加工制作等，展示出农业的乐趣和生活的丰富多彩，这成功帮助农户拓宽了市场渠道，农户的农产品销售情况得到了明显改善，向越城“乡村振兴、共同富裕”等目标更进一步。

展望未来，冯培奇准备继续深耕新媒体领域，不断创新运营思路、拓展平台合作，进一步优化农户宣传策略，探索更多有效的营销方式和互动形式，积极响应国家政策，帮助更多农户实现产销对接，助力农业实现数字化转型、智慧农业持续发展和乡村振兴的步伐，为乡村带来更多活力和希望。

胡卓卿——建设美丽新乡村，做好共富领航人

胡卓卿，浙江省绍兴市人，1989年出生，中共党员，毕业于清华大学美术学院影视设计专业。绍兴市第九届人大代表，绍兴市第九届青联委员会成员，绍兴市青年农业创业联合会副秘书长。任绍兴市群芳农业开发有限责任公司董事长，绍兴市鉴湖绿化工程有限公司负责人，绍兴市越城区露馨家庭农场场主。

身居异乡，心系故土

2009年，胡卓卿以优异的成绩顺利毕业，同年凭借出色的表现入职北京某影视公司。由于胡卓卿才思敏捷，总能捕捉到别人不在意的细节，从独到新颖的角度分析问题，可想他人之不能想，不久后他便在公司担任了重要职位，在行业中崭露头角。他是个心思细腻十分重感情的人，他独自一人远在北京闯荡，心却始终未离开过家乡，即使在工作初期面临巨大压力，心力交瘁之际，抑或是后来取得耀眼成就欢欣雀跃之时，他都不忘时刻关注家乡的近况。他总是忙里抽闲时给家人朋友打去电话，关心亲友之余，时常会提及村里近期的发展情况和村里老人们的生活状况，打心底里想为家乡做点实事。

胡卓卿一直在心底默默筹划着，但苦于当时身处异乡，无法亲自到场实地考察走访，便无法设身处地地代入思考，他总感觉自己的方案缺少点什么，直至一次机缘巧合，让他茅塞顿开。

那天，胡卓卿因工作需要，与同事一起去到北京一个郊区考察，在经过那里的农业产地与市场的时候，他细心观察了一下他们的经验模式与成效。他发现：北京那里的农业都是抱团取暖，他们都是农户支持商家，商家也支持农户，二者相辅相成实现合作共赢，早已形成了一个成熟完善的农商产业体系。胡卓卿明白，一线城市能够生成如此先进和谐的农商产业体系，且发展迅速稳定，必定离不开一些先行者无私的付出与坚持。正是这些先行者们敢于以身试错，将所思所想落实到行动中，无怨无悔地付诸心血，克服种种难题后再将总结所得的经验倾囊相授，才能引领农民、商贩们走向共同致富道路。胡卓卿便立志要做这家乡的先行者、引路人。

乡土为纸双手做笔，协力绘制美丽画卷

胡卓卿经过深思熟虑，做好了充分的思想准备，决定放弃在影视公司的工作，离开曾经梦想开始的北京，毅然回到家乡，投身到促进家乡农商协作，带领乡民共同致富的事业中去。这将会是他新的理想与起点。有人替他感到惋惜："艺术曾是你毕生的追求，为了能在美学上有所成就，你从小夙兴夜寐笃志不倦，吃了多少苦流了多少汗，好不容易考上了清华美院，又得以在大城市立足发展，实现理想的美好画卷已经展开，如今却放弃了这一切，回到绍兴，将来会后悔吗？"

胡卓卿答道："对于美学，确实是我毕生的追求，但是现在我发

现，人们创造美，不是只能用纸笔，美其实可以用多种形式展现，今后我要做的是以乡土为纸，以双手为笔，与乡亲们一起绘制家乡农业蓬勃发展的绝美蓝图，未来我们向大家展现的定是一幅异彩纷呈的画卷。”

身体力行做“头雁”，鞠躬尽瘁共致富

基于胡卓卿的专业知识和兴趣爱好，再结合当地的风土人情与自然条件，最终他决定先从花卉种植入手。在绍兴市越城区大葛村建立了花卉种植基地，招揽当地农户一起参与到花卉种植工作中来。为了更好地拉进与乡亲们之间的感情，建立信任感，也为了更直观地向乡亲们介绍自己的想法、传授相关知识，胡卓卿挨家挨户去走访农户。

起初，许多农户不太能理解胡卓卿的想法，他们表示：“我自己种个菜就蛮好的，种什么花卉之类的，费时费力又难养活，不能吃只能看，再说了咱也没有学过这方面的知识，接触起来怕是比较困难。”胡卓卿将走访过程中了解到的农户们的担忧与顾虑进行了详细记录，他认为这些都是人们最直白最真实的想法，也是花卉种植最切实最直观的难题，对后来的实践创新有至关重要的参考价值。了解到农户们的想法后，胡卓卿主动代入农户们的视角中，将心比心地分析农户们的心理，决定先从经济层面对农户进行讲解，阐述蔬菜和花卉的经济关系，讲明花卉种植能为他们所带来的利润，成功说服了所有农户。

当务之急便是：大部分农户们花卉种植知识甚是匮乏，没有理论的支撑，恐怕实践起来会比较难。于是胡卓卿每周在村里举行农户养

花致富课堂，为农户们传授花卉种植知识。大大鼓舞了士气，为农户们树立了信心，渐渐地，有很多老一辈的叔叔阿姨们开始主动上门去找胡卓卿询问相关知识。秉着“有钱大家一起赚”的理念，胡卓卿每次都十分耐心地为大家答疑解惑，一起探讨一起解决问题，将自己的经验与心得毫不吝啬地分享给农户们，获得了农户们的一致好评。

目前胡卓卿基地所在附近的农户平均收入都有所提高，同行农民每年的资金收入总计 100 余万元。

与时俱进，革故鼎新

经过一段时间的发展，胡卓卿开始拓展销售与养殖形式。目前互联网经济发展如日中天，线上售卖能有效开拓销路，胡卓卿当机立断，开通了线上销售渠道，之后还设立了基地直播带货小组，在绿植销售方面取得了显著成效。生产方式方面，他觉得没必要一味地遵循传统生产模式，限制农户们的时间与场地，应该结合现实情况，让农户们找到适合自己的生产方式，可以让一些需要带小孩的、家里事情繁多走不开的老乡选择自己在家做，种出来的花花草草委托给基地，经过基地质检之后，帮助他们通过线上线下等各种渠道销售到全国各地。

目前基地所产出的绿植产品品质很有保证，并且价格便宜，适合大众。同时，基地还顺应市场，结合年轻人的爱好，开展了 DIY 业务，支持来访客人自己动手，参与其中，根据自己喜好做出唯一独特的绿植造型款式带回家。此外，胡卓卿还创立了大学生实习基地，时常举办学农活动，邀请高校的老师来基地授课，让学生在实践中学习养花技巧，体验与大自然的热烈拥抱。

在绿植美化培育方面，胡卓卿更是发挥了自己的艺术特长，制作的盆景先后在浙江省第九届花卉展示会中荣获金奖，在杭州市西湖博览会花卉展中荣获银奖！

不负党员使命，发扬志愿精神

工作再忙，胡卓卿也未曾忘记自己是一名中共党员，是绍兴市人大代表，他身体力行，贯彻从群众中来到群众中去的原则。参加了许多的公益活动，比如在东浦街道医院举办的关怀老年医患的公益活动中，给年纪大的病患科普养花的知识，让老人们的住院生活不再枯燥，为老人们在与病魔抗争的过程中增添了一抹光亮与欢乐，使得老人们的心情得到了积极影响，更有利于治疗康复。受此启发，胡卓卿目前已与多家医院达成常驻合作协议；同时，在一次绍兴市夏履镇举办的公益活动中，胡卓卿赞助了 1 000 株多肉，通过以书易物与义卖的方式让大家将可爱的多肉带回了家。

活动结束后，胡卓卿将剩余的多肉以及换取到的书籍以露馨园艺的名义捐于本地学校用以美化校园，并已与多所高校达成合作协议，实行“绿植进课堂”，时不时地把一些养花知识融入课堂，丰富了孩子们的课外生活，培养了孩子们的动手能力与对自然植物的热爱。

新冠疫情期间，胡卓卿积极参与防疫工作，凡事冲锋在前，为社区和谐以及抗击疫情贡献了自己的微薄力量。

功成不居，再接再厉

对于未来，胡卓卿的想法是：虽然目前看来，本村种植事业已取得不错的成就，但还是要有更远大的目标，在自己的能力范围之内，他将继续带动更多农户种植致富，并且计划发动更多的年轻人参与其中，鼓舞应届毕业生往种植方向发展，为家乡种植业注入新鲜血液。一个人能带动 100 个农民，那 10 个人、100 个人将成就一个地区。大家好才是真的好，接下来他会继续深入学习，带动更多乡民一起发家致富。始终牢记、贯彻观习近平总书记的绿水青山就是金山银山的理念，为支持乡村建设献上自己毕生的努力。